PLC 编程与安装调试

主　编　谭建鹏　张　涛　尹文凤

副主编　刘兴洁　陈静静　郑开强　刘传新

参　编　康学吉　马清芳　张军利　高　强

　　　　张　坤　隋佳洁　于新军

北京理工大学出版社

BEIJING INSTITUTE OF TECHNOLOGY PRESS

内 容 简 介

本教材内容按照 PLC 技能知识的递进由简单到复杂，分为入门篇、初级篇、中级篇、高级篇 4 部分。每一部分均由知识单元和若干技能训练任务组成，每一个任务设计为：资源准备、接受工作任务、收集信息、制定任务实施方案、任务实施、评价总结、知识拓展等 7 个环节。知识点分布均衡，题型丰富，难易适当，有利于学生巩固所学知识。

本教材可供院校作为教学用书，也可作为相关行业的岗位培训教材及有关人员的自学用书。

图书在版编目（CIP）数据

PLC 编程与安装调试 / 谭建鹏，张涛，尹文凤主编
. -- 北京：北京理工大学出版社，2023.4
ISBN 978-7-5763-2362-7

Ⅰ.①P…　Ⅱ.①谭…②张…③尹…　Ⅲ.①PLC 技术
-程序设计　Ⅳ.①TM571.61

中国国家版本馆 CIP 数据核字（2023）第 080556 号

责任编辑：封　雪　　　文案编辑：封　雪
责任校对：刘亚男　　　责任印制：边心超

出版发行／北京理工大学出版社有限责任公司
社　　址／北京市丰台区四合庄路 6 号
邮　　编／100070
电　　话／（010）68914026（教材售后服务热线）
　　　　　（010）68944437（课件资源服务热线）
网　　址／http://www.bitpress.com.cn

版 印 次／2023 年 4 月第 1 版第 1 次印刷
印　　刷／定州市新华印刷有限公司
开　　本／889 mm×1194 mm　1/16
印　　张／13
字　　数／243 千字
定　　价／89.00 元

前言

为了满足专业教学需求，推进专业设置与产业需求对接、课程内容与职业标准对接、教学过程与工作过程对接，培养适合企业用人要求的高素质劳动者和技术技能人才，我们电子技术应用专业教学团队认为应该做到以下四点：①根据企业工作标准编写适用的教材；②运用专用设备进行技能教学和技能训练；③通过过程考核评价学生学习情况，考核要求参照企业及技能等级证书要求；④提供学生自主学习的在线教学资源。为此，笔者按照"课程体系模块化，学习任务逻辑化，课岗对接无缝化"理念，将"电工技术基础与技能""电子技术基础与技能""电机与电气控制""电工电子仪器测量""电子 CAD""单片机技术及应用""PLC 控制技术""电子装配与调试" 8 门核心课程整合，重构为 PCB 设计、电子装配与调试、维修电工、钳工、单片机编程与安装调试、PLC 编程与安装调试 6 个教学模块，并配套开发教案、课件、微课等教学资源，真正实现学生培养与企业要求的"无缝对接"。

其中《PLC 编程与安装调试》模块化校本教材内容按照 PLC 技能知识的递进由简单到复杂，分为入门篇、初级篇、中级篇、高级篇 4 部分。每一部分均由知识单元和若干技能训练任务组成，每一个任务设计为：资源准备、接受工作任务、收集信息、制定任务实施方案、任务实施、评价总结、知识拓展 7 个环节。教材的编写着重体现以下特色：

1. 学习目标任务化

学习目标即工作任务，既适应企业需求，又充分考虑学校实习实训实际，还能充分体现出能力培养的综合要求。

2. 课程内容模块化

课程内容的模块化体现在，每个学习任务的内容都是相对独立的模块，既有技能操作，也有知识学习；每个学习任务的内容相对独立但又具有内在联系，由简到繁逐步递进，体现了 PLC 知识的综合性。

3. 学习过程行动化

任务式的学习引领学生的行动。每个学习任务都要求学生完成从资源准备、接受工作任务、收集信息、制定任务实施方案、任务实施、评价总结、知识拓展这一完整的工作过程。

让学生亲身经历解决问题的全过程，锻炼学生的综合能力。

4. 评价反馈过程化

任务实施的每一步均需要学生分析任务完成或未完成的原因，学习过程中的评价可帮助学生获得总结、反思及自我反馈的能力。

本教材建议学时为 120 学时，在实施教学过程中采用理实一体化教学。各部分教学内容如下：

模块	内容
模块一　走进工业计算机 PLC 时代（入门篇）	知识单元　PLC 的硬件和软件
	任务一　认识 PLC
	任务二　应用 GX 编程软件
模块二　电动机控制系统中 PLC 基本指令的应用（初级篇）	知识单元　PLC 的基本指令
	任务一　利用 PLC 改造正反转电路
	任务二　利用 PLC 改造顺序控制电路
	任务三　利用 PLC 改造Y-△降压启动电路
模块三　生产中 PLC 步进指令典型应用（中级篇）	知识单元　PLC 的步进指令
	任务一　循环彩灯程序设计与调试
	任务二　天塔之光程序设计与调试
	任务三　十字路口交通灯程序设计与调试
模块四　PLC 功能指令程序设计入门（高级篇）	知识单元　PLC 的功能指令
	任务一　功能指令编程应用（一）
	任务二　功能指令编程应用（二）

由于编者水平有限，书中不妥与疏漏之处在所难免，为进一步提高本书的质量，欢迎广大读者提出宝贵的意见和建议，反馈邮箱 zhangt101@163.com。

编　者

目录

走进工业计算机 PLC 时代（入门篇）

模块描述

PLC 是可编程逻辑控制器英文字母的简称，通俗的叫法为工业计算机。通过本模块的学习可以了解 PLC 的产生、定义、构造、原理，学会观察 PLC 面板指示，学会使用 PLC 编程软件。

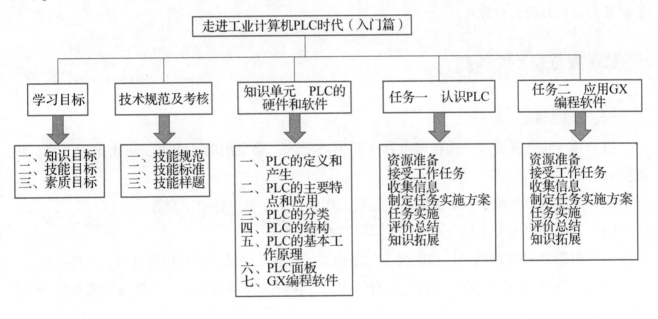

学习目标

一、知识目标

（1）了解 PLC 的产生、特点、应用及主要性能指标。

（2）了解 PLC 的构造，掌握各个部分的作用。

（3）理解 PLC 的基本工作模式和原理，判断 PLC 的工作状态。

（4）能够说出 PLC 面板各个组成的名称，掌握 PLC 面板各个组成部分的作用。

（5）了解 GX 编程软件的界面，能够正确使用 GX 编程软件完成梯形图的输入。

二、技能目标

（1）根据 PLC 的基本原理，初步了解 PLC 的工作过程及编程步骤。

（2）能够说出 PLC 面板各个组成的名称。

（3）能够根据生产工况观察 PLC 的面板，判断 PLC 的工作状态。

（4）能够正确使用 GX 编程软件创建、修改、转换、保存、调试、检测 PLC 程序。

三、素质目标

（1）通过搜集 PLC 的产生、应用、发展等资料，培养通过查找 PLC 资料、文献等取得信息的能力。

（2）通过实训室技能实训培养学生良好的操作规范，养成安全操作的职业素养。

（3）让学生了解国内外生产状况，培养学生社会责任感。

（4）通过合作探究，培养良好的人际交流能力、团队合作精神。

（5）培养学生具有电子行业的职业规范、质量第一的意识、安全生产和分工协作的团队意识及严谨细致的工作作风。

技术规范及考核

一、技能规范

（1）遵守电气设备安全操作规范和文明生产要求，安全用电，防火，防止出现人身、设备事故。

（2）正确穿着佩戴个人防护用品，包括工作服、工作鞋、各类手套等。

（3）正确使用电工工具与设备，工具摆放整齐。

（4）根据 PLC 控制线路，按电气工艺路线进行安装与调试，防止出现电气元器件损坏。

（5）考核过程中应保持设备及工作台的清洁，保证工作场地整洁。严格按照实训室 6S 标准规范操作。

二、技能标准

序号	作业内容	操作标准
1	安全防护	1. 正确穿着佩戴个人防护用品，包括工作服、工作鞋、工作帽等； 2. 正确选择常用的电工工具
2	编程软件的基本使用	1. 能够创建 PLC 新工程； 2. 熟练完成梯形图的输入，实现梯形图的转换； 3. 能够正确完成 PLC 程序的保存； 4. 能够正确进行 PLC 程序的传输
3	PLC 的结构及原理	1. 了解 PLC 编程的基本结构及作用； 2. 能够观察 PLC 的面板，判断 PLC 的工作状态

三、技能样题

PLC 入门技能考核样题

一、考核内容

（一）安全文明生产

（1）熟知实习场地的规章制度及安全文明要求。

（2）严禁不经过监考员允许带电操作，确保人身安全。

（3）不带电操作，安全无事故，保持现场环境整洁。

（二）编程软件的基本使用

（1）能够创建 PLC 新工程。

（2）熟练完成梯形图的输入，实现梯形图的转换。

（3）能够正确完成 PLC 程序的保存。

（4）能够正确进行 PLC 程序的传输。

（三）PLC 的硬件

（1）了解 FX3U 系列 PLC 的面板构造，重点掌握各个组成部分的作用。

（2）能够根据生产工况观察 PLC 的面板，判断 PLC 的工作状态。

（3）掌握 PLC 的硬件构造及作用。

二、考核试题

（1）辨认 PLC 的结构，能够指出各自的作用。

（2）识别 PLC 面板的组成，能够根据生产工况观察 PLC 的面板，判断 PLC 的工作状态。

（3）根据下列梯形图，完成 PLC 文件的创建、绘制、转换与程序检查、写入与运行（线路已经接好）。

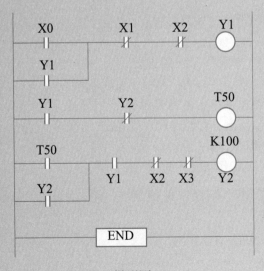

（a）梯形图　　　　　　　　　　　　　　（b）I/O 接线图

（4）遵循实习场地的规章制度及安全文明生产要求，不带电操作，安全无事故，保持现场环境整洁。

三、考场准备

考核在 PLC 编程实训室完成。实训室准备：

(1) 天煌 PLC 实训台。

(2) 计算机 (计算机中安装 GX 编程软件)。

四、考核说明及评判标准

(一) 考核说明

在天煌 PLC 实训台完成 PLC 的硬件识别和 GX 编程软件的应用。

(二) 评判标准

1. 素质考核配分、评分标准 (20 分)

评价项目	评价内容	配分	评价标准	得分
知识应用能力	PLC 知识应用	5	态度端正，理论联系实际	
思维拓展能力	拓展学习的表现与应用	5	积极地拓展学习并能正确应用	
安全文明操作	不带电操作，安全无事故，保持现场环境整洁	10	不带电操作，安全无事故，保持现场环境整洁，不干扰评分，不损坏设备	
合计			教师签字　　　　年　　月　　日	

2. PLC 技能操作过程配分、评分标准 (80 分)

序号	主要内容	考核要求	评分标准	配分	扣分	得分
1	PLC 硬件构成辨识	按题目的要求，正确识别 PLC 的各个构成部分及作用	1. 硬件构造识别错误每处扣 2 分； 2. 硬件构造作用回答错误，每处扣 1 分	15		
2	PLC 面板识别及状态判定	1. PLC 面板构造识别准确； 2. 能够实现数据线的连接； 3. 根据指示灯的显示判断 PLC 工作状态； 4. 根据输入输出指示灯判断 X、Y 的工作状态	1. PLC 面板构造识别错误，每处错误扣 2 分； 2. 不能够实现数据线的连接，扣 5 分； 3. 不能够根据指示灯的显示判断 PLC 工作状态，扣 20 分； 4. 不能够根据输入输出指示灯判断 X、Y 的工作状态，扣 10 分	25		
3	GX 编程软件的使用	使用 GX 编程软件创建、修改、转换、保存、调试、检测 PLC 程序	不能使用 GX 编程软件创建、修改、转换、保存、调试、检测 PLC 程序，扣 40 分	40		
备注			合计			
			教师签字　　　　　年　　月　　日			

知识单元 PLC 的硬件和软件

知识导图

知识单元 PLC 的硬件和软件，提供下面所示层次体系结构的知识内容。

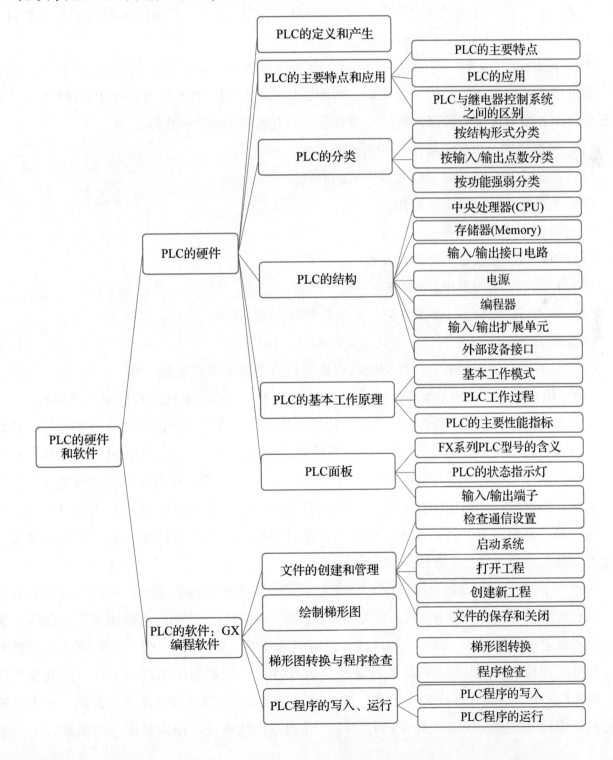

一、PLC 的定义和产生

PLC 是可编程逻辑控制器的缩写，国际电工委员会（IEC）在其颁布的可编程逻辑控制器标准草案中给 PLC 做了如下定义：可编程控制器是一种数字运算操作的电子系统，专为工业环境下的应用而设计。它采用可编程的存储器，用来在其内部储存执行逻辑运算、顺序控制、定时、计数和算术运算等操作的命令，并通过数字式、模拟式的输入和输出，控制各种机械或生产过程。PLC 将传统的继电-接触器控制技术和现代计算机信息处理技术的优点有机结合起来，成为工业自动化领域中最重要、应用最多的控制设备之一，也成为现代工业生产自动化三大支柱（PLC、CAD/CAM 和机器人）之一。

20 世纪 60 年代末期，美国的汽车制造业竞争异常激烈。为了适应生产工艺不断更新的需要、降低成本、缩短新产品的开发周期，美国通用汽车公司（GM 公司）在 1968 年提出了招标开发研制新型顺序逻辑控制装置的十条要求，即有名的十条招标指标：

（1）编程简单，可在现场修改和调试程序。

（2）维护方便，各部件最好是插件式的装置。

（3）可靠性高于继电器控制柜。

（4）体积小于继电器控制柜。

（5）可将数据直接送入管理计算机。

（6）在成本上可与继电器控制柜竞争。

（7）输入可以是交流 115 V（注：美国电网电压为 110 V）。

（8）输出为交流 115 V、2A 以上，能直接驱动电磁阀。

（9）具有灵活的扩展能力，在扩展时原系统只需要做很少的变更。

（10）用户程序存储容量至少能扩展到 4 KB（根据当时汽车装配过程的要求提出）。

从这些指标看，GM 公司希望研制出一种控制装置，在汽车生产流水线及汽车型号不断翻新的同时，尽可能减少重新设计继电-接触器控制系统和重新接线的工作；设想把计算机的灵活、通用、功能完备等优点与继电-接触器控制系统的简单易懂、操作方便、价格便宜等优点结合起来，研制成一种通用的控制装置；将计算机的编程方法和程序输入方式加以简化，用面向问题的"自然语言"进行编程，使得不熟悉计算机的人也能方便地使用。它也反映了自动化工业及其他各类制造工业用户的要求和愿望。

1969 年，美国数字设备公司（DCE 公司）根据十项招标指标的要求，研制出世界上第一台可编程控制器，型号为 PDP-14，在美国通用汽车公司的自动装配线上试用成功。此后，这项新技术就迅速发展起来，日本和西欧国家通过引进技术，也分别于 1971 年和 1973 年研制出自己的可编程控制器。此后，PLC 装置遍及全世界各发达国家的工业现场。目前，世界上有200 多家 PLC 厂商，400 多种 PLC 产品，按地域可分成美国、欧洲和日本三个流派。各流派各具特色，如日本主要发展中小型的 PLC，其小型 PLC 性能先进、结构紧凑、价格便宜，在世界市场上占有重要地位。

我国 PLC 研制、生产和应用的发展较快，尤其在应用方面更为突出。在 20 世纪 70 年代末和 80 年代初，我国在传统设备改造和新设备设计中，不断拓展 PLC 的应用领域，PLC 的广泛应用对我国工业自动化水平的提高起到巨大的作用。

现代 PLC 的发展有两个主要趋势：其一是向体积更小、速度更快、功能更强和价格更低的微小型方面发展，主要表现在减小体积、降低成本、向高性能的整体型发展，在提高系统可靠性的基础上产品的体积越来越小，功能越来越强；其二是向大型网络化、高可靠性、良好的兼容性和多功能方面发展，趋向于当前工业控制计算机（工控机）的性能，主要表现在大中型 PLC 的高功能、大容量、智能化、网络化发展方面，使之能与计算机组成集成控制系统，以便对大规模的复杂系统进行综合的自动控制。总之，高功能、高速度、高集成度、容量大、体积小、成本低、通信联网功能强，成为 PLC 发展的总趋势。

二、PLC 的主要特点和应用

（一）PLC 的主要特点

1. 可靠性高，抗干扰能力强

PLC 本身采用了抗干扰能力强的微处理器作为 CPU，电源采用多级滤波并采用集成稳压块稳压，以适应电网电压的波动；输入/输出采用光电隔离技术；工业应用的 PLC 还采用了较多的屏蔽措施。此外，PLC 带有硬件故障自我检测功能，出现故障时可及时发出警报信息。由于采取了以上措施，PLC 有了很强的抗干扰能力，因此整个系统的可靠性得到提高。

2. 编程简单易学

PLC 的最大特点之一就是采用易学易懂的梯形图语言。这种编程方式既继承了传统的继电-接触器控制电路的清晰直观感，又考虑到了大多数技术人员的读图习惯，即使没有计算机基础的人也很容易学会，故很容易在厂矿企业中推广使用。

3. 使用维护方便

（1）硬件配置方便。

（2）安装方便。

（3）使用方便。

（4）维护方便。

4. 体积小，重量轻，功耗低

PLC 是专门为工业控制而设计的，其结构紧凑、坚固，体积小巧，易于装入机械设备内部，是实现机电一体化的理想控制设备。

5. 设计施工周期短

PLC 用存储逻辑代替接线逻辑，大大减少了控制设备外部的接线，使控制系统设计及建造的周期大为缩短，同时维护也变得容易起来。更重要的是使同一设备经过修改程序改变生产过程成为可能。

（二）PLC 的应用

在国内外已广泛应用于钢铁、采矿、石化、电力、机械制造、汽车制造、环保及娱乐等各行各业。其应用可大致分为以下几种类型。

1. 用于逻辑开关和顺序控制

逻辑开关和顺序控制是 PLC 最基本、最广泛的应用，它取代传统的继电-接触器电路，实现逻辑控制、顺序控制。

2. 用于机械位移控制

机械位移控制是指 PLC 使用专用的位移控制模块来控制驱动步进电动机或伺服电动机，实现对机械构件的运动控制。世界上各主要 PLC 厂家的产品几乎都有运动控制功能，广泛用于各种机械手、数控机床、机器人、电梯等场合。

3. 用于数据处理

现代 PLC 具有数学运算（含矩阵运算、函数运算、逻辑运算）、数据传送、数据转换、排序、查表、位操作等功能，可以完成数据的采集、分析及处理。

4. 用于组成多级控制系统，实现工厂自动化

PLC 通信含 PLC 间的通信及 PLC 与其他智能设备间的通信。随着计算机控制的发展，工厂自动化网络发展得很快，可以实现对整个生产过程的信息控制和管理。

（三）PLC 与继电器控制系统之间的区别

（1）组成器件不同。PLC 是"软"继电器、"软"接点和"软"线连接；继电器控制主要采用"硬"器件、"硬"接点和"硬"接线。

（2）触点数量不同。PLC 编程中无触点数的限制；控制用的继电器触点数一般只有 4~8 对。

（3）实施控制的方法不同。PLC 主要有软件程序控制，而继电器控制系统依靠硬件连线完成。

（4）体积大小不同。PLC 控制系统结构紧凑，体积小，连线少；继电器控制系统体积大，连线多。

三、PLC 的分类

（一）按结构形式分类

整体式 PLC：又称单元式或箱体式。如图 1-0-1 所示，整体式 PLC 是将电源、CPU、I/O部件都集中在一个机箱内。一般小型 PLC 采用这种结构，特点是结构紧凑、体积小、重量轻、价格低。

模块式 PLC：将各部分以单独的模块分开，形成独立单元，使用时可将这些单元模块分别

插入机架底板的插座上，如图 1-0-2 所示。其特点是组装灵活，便于扩展，维修方便，可根据要求配置不同模块以构成不同的控制系统。一般大、中型 PLC 采用模块式结构，有的小型 PLC 也采用这种结构。

图 1-0-1 整体式 PLC 外观

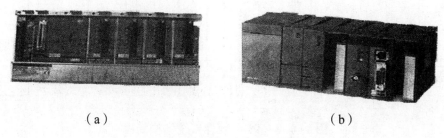

（a） （b）

图 1-0-2 模块式 PLC 外观

（a）主基板；（b）模块式 PLC

（二）按输入/输出点数分类

为适应不同工业生产过程的应用要求，可编程控制器能够处理的输入/输出点数是不一样的。按输入/输出点数的多少，可分为小型机、中型机、大型机等类型。

（1）I/O 点数小于 256 点为小型 PLC。

（2）I/O 点数在 256~1 024 为中型 PLC。

（3）I/O 点数大于 1 024 为大型 PLC。

（三）按功能强弱分类

（1）低档机具有逻辑运算、定时、计数、移位以及自诊断、监控等基本功能。

（2）中档机除具有低档机的功能外，还具有较强的模拟量输入/输出、算术运算、数据传送和比较、远程 I/O、通信等功能。

（3）高档机除具有中档机的功能外，还有符号算术运算、位逻辑运算、矩阵运算、二次方根运算及其他特殊功能的函数运算、表格功能等。

四、PLC 的结构

PLC 专为工业场合设计，采用了典型的计算机结构，主要由 CPU、电源、存储器、编程器和专门设计的输入/输出接口电路等组成。图 1-0-3 所示为一典型 PLC 结构简图。

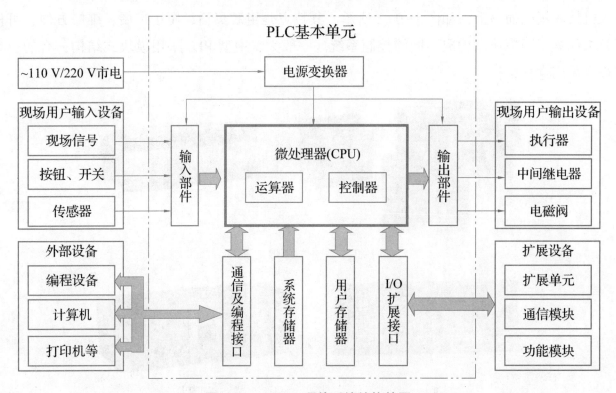

图 1-0-3　PLC 硬件系统结构简图

（一）中央处理器（CPU）

CPU 是整个 PLC 的核心，可编程控制器中常用的 CPU 主要采用通用微处理器、单片机和双极型位片式微处理器三种类型。

（二）存储器（Memory）

PLC 的存储器分为系统存储器和用户存储器，提供用户运行的平台。

系统存储器：存放系统管理程序，用只读存储器实现。

用户存储器：存放用户编制的控制程序，一般用 RAM 实现或固化到只读存储器中。

（三）输入/输出接口电路

1. 输入/输出接口电路的作用

输入/输出接口电路的作用：连接用户输入/输出设备和 PLC 控制器，将各输入信号转换成 PLC 标准电平供 PLC 处理，再将处理好的输出信号转换成用户设备所要求的信号驱动外部负载。由于外部输入设备和输出设备所需的信号电平是多种多样的，而 PLC 内部 CPU 的处理信息只能是标准电平，所以 I/O 单元要实现这种转换。I/O 单元一般具有光电隔离和滤波功能，以提高 PLC 的抗干扰能力。

输入/输出接口电路分为模拟量输入/输出接口、开关量输入/输出接口（直流、交流及交直流）。用户应根据输入/输出信号的类型选择合适的输入/输出接口。

2. PLC 的数字量输入单元

（1）直流输入单元，如图 1-0-4 所示。

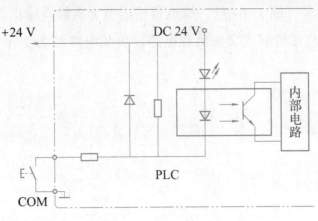

图 1-0-4 直流输入单元

（2）交流输入单元，如图 1-0-5 所示。

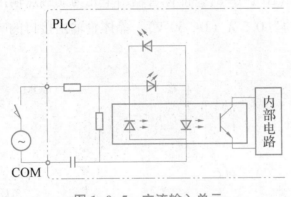

图 1-0-5 交流输入单元

（3）交、直流输入单元，如图 1-0-6 所示。

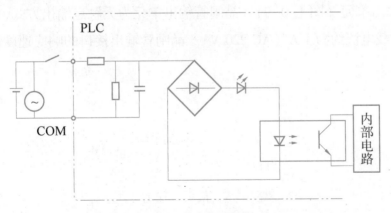

图 1-0-6 交、直流输入单元

数字量输入单元中都有滤波电路和耦合隔离电路。滤波电路主要起抗干扰作用，耦合隔离电路主要起抗干扰和产生标准信号的作用。通常情况下，输入接口单元都使用 PLC 机内的直流电源供电，而不需要再外接电源。

3. PLC 的数字量输出单元

输出接口电路一般由 CPU 输出电路和功率放大电路组成。PLC 的输出电路有三种形式，即继电器输出、晶体管输出和晶闸管输出。开关量输出端的负载电源一般由用户提供，输出电流一般不超过 2 A。

（1）继电器输出单元（图1-0-7）。继电器输出型为有触点输出方式，可用于接通或断开开关频率较低的大功率直流负载或交流负载电路，负载电流约为 2 A（AC 220 V），但其响应时间长，动作频率低。

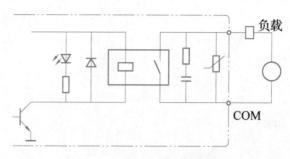

图 1-0-7　继电器输出单元

（2）晶体管输出单元（图1-0-8）。晶体管输出单元为无触点输出方式，常用于带直流电源的小功率负载，负载电流约为 0.5 A（DC 30 V）。晶体管输出接口的响应速度快，动作频率高。

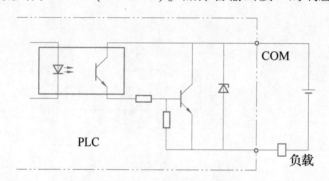

图 1-0-8　晶体管输出单元

（3）晶闸管输出单元（图1-0-9）。晶闸管输出单元为无触点输出方式，常用于带交流电源的大功率负载，负载电流约为 1 A（AC 220 V）。晶闸管输出接口的响应速度快，动作频率高。

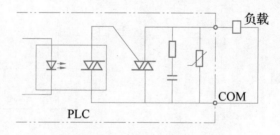

图 1-0-9　晶闸管输出单元

（四）电源

PLC 的供电电源一般是市电，也有用直流 24 V 电源供电的。PLC 配有开关电源，以供内部电路使用。与普通电源相比，PLC 电源的稳定性好、抗干扰能力强。对电网提供的电源稳定度要求不高，一般允许电源电压在其额定值±15%的范围内波动。许多 PLC 还向外提供直流 24 V 稳压电源，用于对外部传感器供电。

（五）编程器

编程器是 PLC 最重要的外部设备。利用编程器可将用户程序输入 PLC 的存储器，还可以用编程器检查程序、修改程序；利用编程器还可以监视 PLC 的工作状态。它是开发、应用、维护 PLC 不可缺少的工具。编程装置可以是专用编程器，也可以是配有专用编程软件包的通用计算机系统。专用编程器由 PLC 厂家生产，专供该厂家生产的某些 PLC 产品使用，它主要由键盘、显示器和外存储器接插口等部件组成。专用编程器有简易编程器和智能编程器两类。

（六）输入/输出扩展单元

I/O 扩展接口用于连接扩充外部输入/输出端子数的扩展单元与基本单元（即主机）。

（七）外部设备接口

此接口可将编程器、打印机、条码扫描仪等外部设备与主机相连，以完成相应的操作。PLC 配有各种通信接口，这些通信接口一般带有通信处理器。PLC 通过这些通信接口可与监视器、打印机、其他 PLC、计算机等设备实现通信。PLC 与打印机连接，可将过程信息、系统参数等输出打印；与监视器连接，可将控制过程图像显示出来；与其他 PLC 连接，可组成多机系统或连成网络，实现更大规模的控制。与计算机连接，可组成多级分布式控制系统，实现控制与管理相结合。而远程 I/O 系统也必须配备相应的通信接口模块。

五、PLC 的基本工作原理

（一）基本工作模式

PLC 有运行模式和停止模式。

（1）运行模式：分为内部处理、通信操作、输入处理、程序执行、输出处理 5 个阶段。

（2）停止模式：处于停止工作模式时，PLC 只进行内部处理和通信服务等内容。

（二）PLC 工作过程

PLC 采用循环扫描的工作方式，执行用户程序，如图 1-0-10 所示。

🔑 1. 初始化处理阶段

这一阶段完成的任务是开机清零。

PLC 的输入端子不是直接与基本单元相连，其输入/输出信号都是首先存在输入/输出暂存器，PLC 的 CPU 对输入/输出状态的询问是针对输入/输出暂存器而言的。开机后 CPU 首先使输入暂存器清零，然后进行自诊断。当确认其硬件工作正常后，进入下一工作阶段。

🔑 2. 输入处理阶段

输入处理也叫输入采样。在处理输入信号阶段，CPU 对输入端进行扫描，将获得的各个

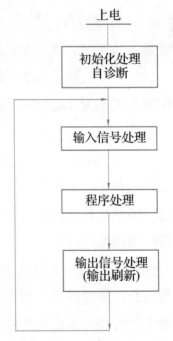

图 1-0-10 PLC 工作过程

输入端子的信号送到输入暂存器存放。在同一扫描周期内，某个输入端的信号在输入暂存器中一直保持不变。不会再受到各个输入端子上信号变化的影响，因此不能造成运算结果的混乱，保证了本周期内用户程序的正确执行。

3. 程序处理阶段

CPU 工作进入第三个阶段，进行用户程序的处理，对用户程序从上到下（从第 0000 句到结束语句）依次进行扫描，并根据输入暂存器的输入信号和有关指令进行运算和处理，最后将结果写入输出暂存器中。

4. 输出刷新阶段

将输出信号从输出暂存器中取出，送到输出锁存电路，驱动输出，控制被控设备进行各种相应的动作。之后 CPU 又返回执行下一个循环扫描周期。只要 PLC 处在 RUN 状态，就会一直反复地循环工作，PLC 的扫描周期也就是 PLC 的一个完整工作周期，即从读入输入信号到发出输出信号所用的时间，它与程序的步数、时钟频率，以及所用指令的执行时间有关，一般输入采样和输出刷新只需要 1~2 ms，所以扫描时间主要由用户程序执行的时间决定。

需要注意的是，只有在输入采样阶段，输入映像寄存器的内容才与输入信号一致，而在输入采样结束后，转入用户程序执行和输出刷新阶段。在这两个阶段中，即使输入状态和数据发生变化，I/O 映像区中相应单元的状态和数据也不会改变。因此，如果输入是脉冲信号，则该脉冲信号的宽度必须大于一个扫描周期，才能保证在任何情况下，该输入均能被读入。

(三) PLC 的主要性能指标

(1) 存储容量。存储容量是指用户程序存储器的容量。一般来说，小型 PLC 的用户存储器容量为几千字，而大型机的用户存储器容量为几万字。

(2) I/O 点数。输入/输出（I/O）点数是 PLC 可以接收的输入信号和输出信号的总和，是衡量 PLC 性能的重要指标。I/O 点数越多，外部可接的输入设备和输出设备就越多，控制规模就越大。

(3) 扫描速度。扫描速度是指 PLC 执行用户程序的速度，是衡量 PLC 性能的重要指标。一般以扫描 1K 字的用户程序所需的时间来衡量扫描速度，通常以 ms/K 字为单位。PLC 用户手册一般给出执行各条指令所用的时间，可以通过比较各种 PLC 执行相同操作所用的时间来衡量扫描速度的快慢。

(4) 指令的功能与数量。指令功能的强弱、数量的多少也是衡量 PLC 性能的重要指标。编程指令的功能越强、数量越多，PLC 的处理能力和控制能力也越强，用户编程也越简单和方便，越容易完成复杂的控制任务。

(5) 内部元件的种类与数量。在编制 PLC 程序时，需要用到大量的内部元件来存放变量、中间结果、保持数据、定时计数、模块设置和各种标志位等信息。这些元件的种类与数量越多，表示 PLC 存储和处理各种信息的能力越强。

(6) 可扩展能力。PLC 的可扩展能力包括 I/O 点数的扩展、存储容量的扩展、联网功能的扩展、各种功能模块的扩展等。在选择 PLC 时，经常需要考虑 PLC 的可扩展能力。

六、PLC 面板

PLC 的面板如图 1-0-11 所示。

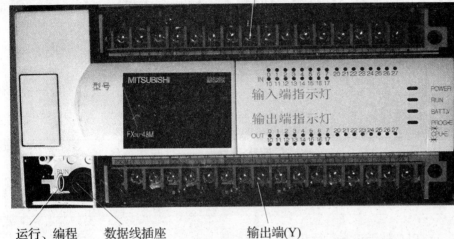

图 1-0-11　PLC 面板

PLC 的内部构造如图 1-0-12 所示。

图 1-0-12　PLC 内部构造

PLC 的面板

1. FX 系列 PLC 型号的含义

FX 系列 PLC 型号名称的含义如下：

$$FX_\square-\square\square\square-\square$$

（1）（2）（3）（4）（5）

（1）系列序号：如 1S，1N，2N 等；

（2）I/O 总点数：10～256；

（3）单元类型：M 为基本单元，E 为 I/O 混合扩展单元与扩展模块，EX 为输入专用扩展模块，EY 为输出专用扩展模块。

（4）输出形式：R 为继电器输出，T 为晶体管输出，S 为双向晶闸管输出。

（5）特殊品种的区别：D 为 DC 电源，DC 输入；A1 为 AC 电源，AC 输入；H 为大电流输出扩展模块；V 为立式端子排的扩展模块；C 为接插口输入输出方式；F 为输入滤波器 1 ms 的扩展模块；L 为 TTL 输入扩展模块；S 为独立端子扩展模块。

PLC 的状态指示灯

若特殊品种一项无符号，说明通指 AC 电源、DC 输入、横式端子排；继电器输出：2A/点；晶体管输出：0.5A/点；晶闸管输出：0.3A/点。

2. PLC 的状态指示灯

PLC 的状态指示灯说明如表 1-0-1 所示。

表 1-0-1　PLC 的状态指示灯说明

指示灯	指示灯的状态与当前运行的状态
POWER 电源 指示灯（绿灯）	PLC 接通 AC 220 V 电源后，该灯点亮，正常时仅有该灯点亮，表示 PLC 处于编辑状态
RUN 运行 指示灯（绿灯）	当 PLC 处于正常运行状态时，该灯点亮
BATT. V 内部锂电 池电压低指示灯（红灯）	如果该指示灯点亮说明锂电池电压不足，应更换
PROG. E（CPU. E） 程序出错指示灯（红灯）	如果该指示灯闪烁，说明出现以下类型的错误： 1. 程序语法错误； 2. 锂电池电压不足； 3. 定时器或计数器未设置常数； 4. 干扰信号使程序出错； 5. 程序执行时间超出允许时间，此灯连续亮

3. 输入/输出端子

PLC 的输入/输出端子如图 1-0-13 所示。

PLC 开关量输入端的接线说明如下所述：

（1）"*"表示空端子，勿接线。

（2）PLC 输入端的 X0~X3、X5 采用汇点式接线方式。

（3）COM 端口一般为机内电源的负极。当输入端接入的器件不是无源触点，而是某些传感器输出的电信号时，要注意传感器信号的极性，选择正确的电流方向接入电路。

（4）对于在控制中不可能同时工作的开关信号，可以用一个输入端口接入，如图 1-0-13 中位置开关 SQ 的连接方法，这样可以节约 PLC 的输入端口。

（5）PLC 输入端标记为 L 和 N 的端子，用于连接工频电源 AC 100~240 V，它是 PLC 的外接供电电源端。

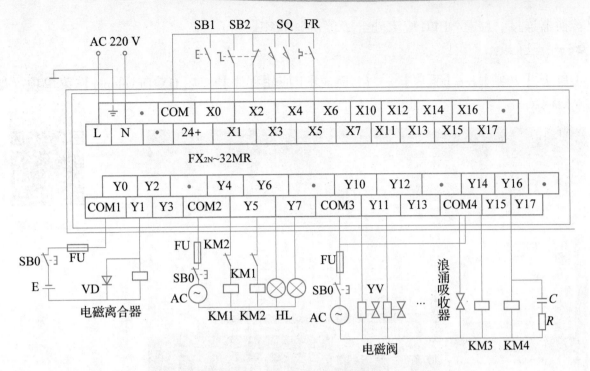

图 1-0-13　PLC 的输入/输出端子

PLC 开关量输出端口的接线说明：

（1）图中"＊"表示空端子，勿接线。

（2）由于 PLC 输出电路中未接熔断器，因此每四点应使用一个 5~15 A 的熔断器 FU，用于防止因短路等原因而造成 PLC 损坏。

（3）在直流感性负载的两端并联一个二极管 VD，用以延长触点的使用寿命，也可以并接 RC 放电支路。

（4）对于驱动电动机正/反转的接触器 KM1、KM2，在 PLC 的程序中采用软件互锁的同时，在 PLC 的外部也应采取硬件互锁措施。

（5）使用 PLC 的外部开关 SB0 切断负载，用于实现紧急停车。

（6）在交流感性负载两端并联一个浪涌吸收器，用于降低噪声。

（7）输出端连接 LED 发光二极管时，要根据外接电源电压大小接入合适的限流电阻 R。

（8）PLC 的负载有两种连接方法，图 1-0-13 中的 Y1 负载单独和 COM1 端连接称为分隔式连接方法，如果负载需要采用不同的电源，则要采用分隔式的接线方式。若几个负载可以同时供电，则可采用汇点式连接的方法，如图中的 Y4、Y5、Y6、Y7 以及 Y10、Y11、Y14、Y16 的连接形式。

七、GX 编程软件

（一）文件的创建和管理

1. 检查通信设置

检查 PLC 和计算机的连接是否正确，计算机的 RS232 端口与 PLC 之间是否用指定的电缆线及转换器连接。注意：PLC 应该处于"停机"状态。

2. 启动系统

①单击【开始】→【程序】→【MELSOFT 应用程序】→【GX Developer】菜单项，如图 1-0-14 所示。

GX 软件的起动

图 1-0-14　启动方法一

②用鼠标双击桌面上的"GX Developer"图标，如图 1-0-15 所示。

PLC 工程的打开

双击桌面图标GX Developer，运行软件

图 1-0-15　启动方法二

GX Developer 软件界面如图 1-0-16 所示。

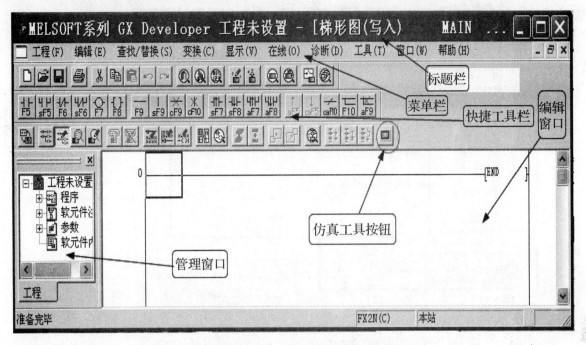

图 1-0-16　GX Developer 软件界面

3. 打开工程

选择【工程】→【打开工程】菜单或按【Ctrl】+【O】组合键，出现打开工程对话框，如图 1-0-17 所示。在其中选择已有工程，单击【打开】按钮，如图 1-0-18 所示。出现打开工程提示框，选择需要打开的工程文件。

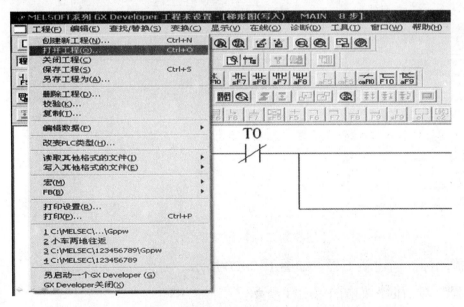

创建新工程

图 1-0-17　打开工程步骤一

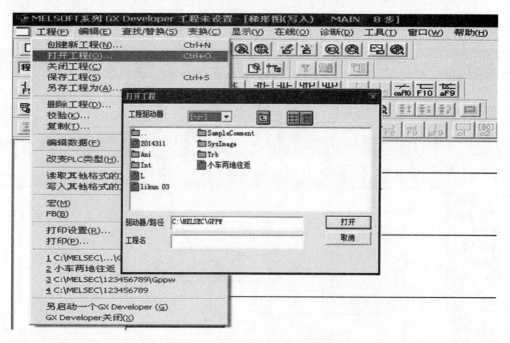

图 1-0-18　打开工程步骤二

4. 创建新工程

①单击菜单栏的【工程】→【创建新工程】菜单项来新建一个新工程，如图 1-0-19 所示。

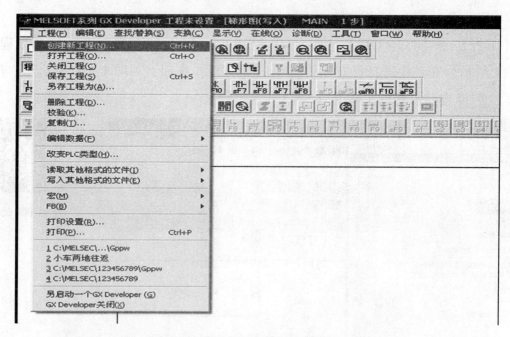

图 1-0-19　【创建新工程】菜单项

②单击新建工程快捷图标，创建新工程，如图 1-0-20 所示。

③弹出"创建新工程"对话框，如图 1-0-21 所示。

第一步，选择 PLC 的系列，如图 1-0-22 所示。

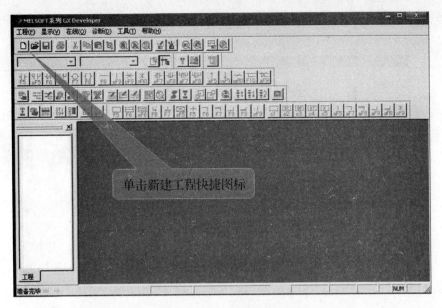

图 1-0-20　创建新工程

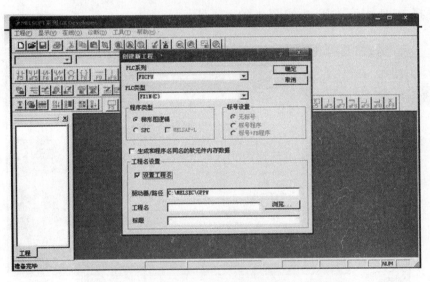

图 1-0-21　打开"创建新工程"对话框

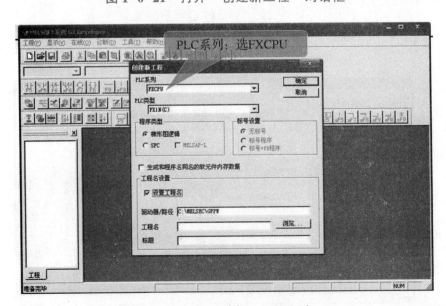

图 1-0-22　选择 PLC 系列

第二步，选择 PLC 的类型，如图 1-0-23 所示。

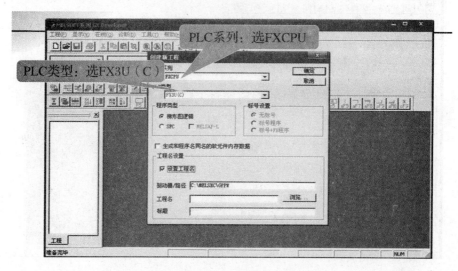

图 1-0-23　选择 PLC 类型

第三步，选择 PLC 程序类型，如图 1-0-24 所示。

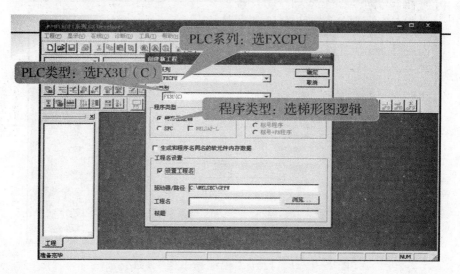

图 1-0-24　选择 PLC 程序类型

第四步，设置 PLC 工程名，亦可不设置，如图 1-0-25 所示。

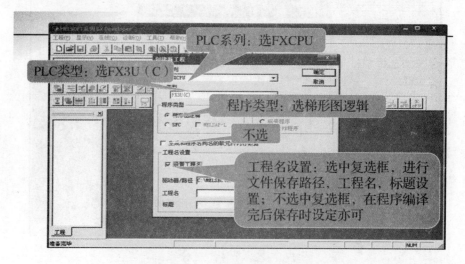

图 1-0-25　设置 PLC 工程名

第五步，设置完成后，单击【确定】按钮，如图 1-0-26 所示。

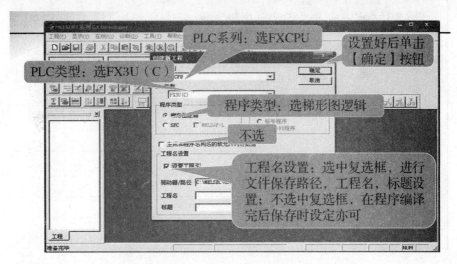

图 1-0-26　完成设置

🔧 5. 文件的保存和关闭

（1）文件的保存有 3 种方式：

①单击【工程】→【保存工程】菜单，如图 1-0-27 所示。

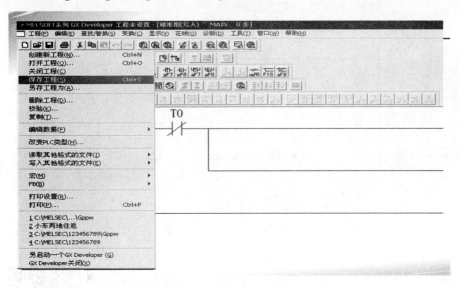

图 1-0-27　从菜单保存文件

PLC 工程的保存与关闭

②单击保存工程快捷图标，如图 1-0-28 所示。

③使用【Ctrl】+【S】组合键。

（2）文件的关闭：单击【工程】→【关闭工程】菜单或者单击右上角的×号标志，如图 1-0-29 所示。

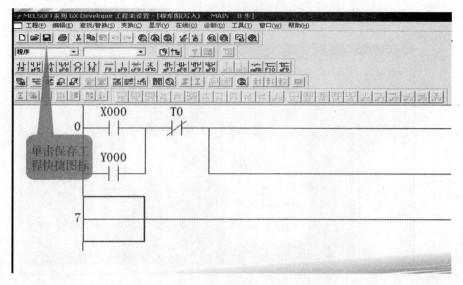

图 1-0-28　使用快捷图标保存文件

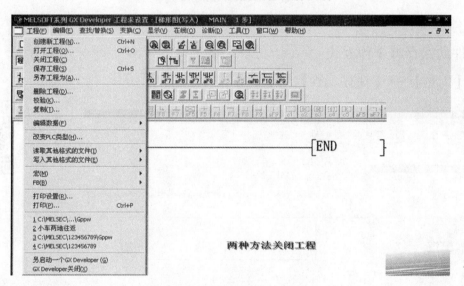

图 1-0-29　关闭文件的方式

(二) 绘制梯形图

新建工程后 PLC 就弹出如图 1-0-30 所示界面，应用快捷工具栏的按钮，即可画出梯形图。

（1） X0 常开触点的写入，如图 1-0-31 所示。

（2） Y0 常开触点的并联，如图 1-0-32、图 1-0-33 所示。

PLC 梯形图的绘制

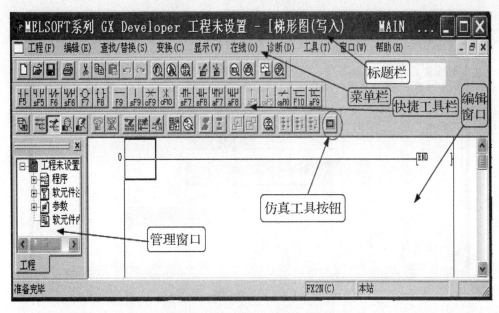

图 1-0-30　PLC 新建工程界面

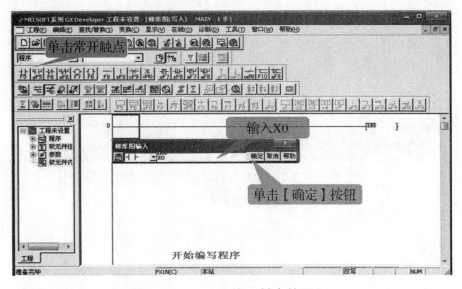

图 1-0-31　X0 常开触点的写入

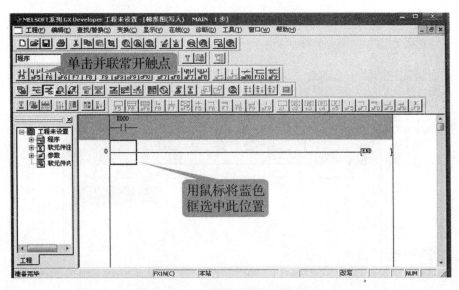

图 1-0-32　Y0 常开触点的并联（一）

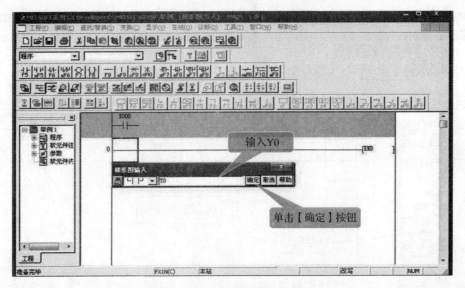

图 1-0-33 Y0 常开触点的并联（二）

（3）T0 常开触点的串联，如图 1-0-34、图 1-0-35 所示。

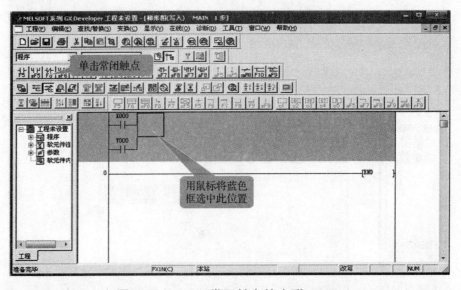

图 1-0-34 T0 常开触点的串联（一）

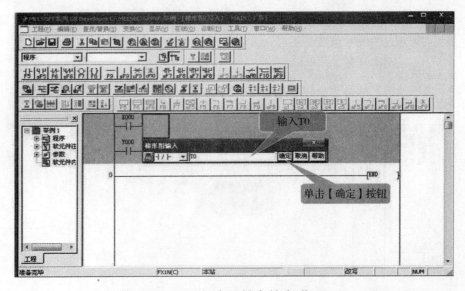

图 1-0-35 T0 常开触点的串联（二）

（4）T0 线圈的写入，如图 1-0-36、图 1-0-37 所示。

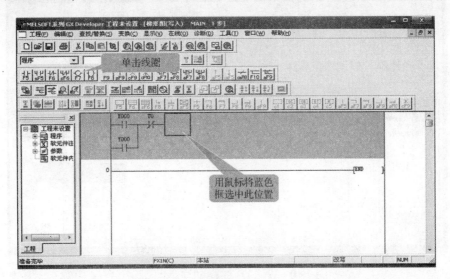

图 1-0-36 T0 线圈的写入（一）

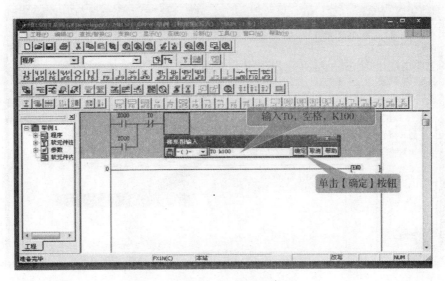

图 1-0-37 T0 线圈的写入（二）

（5）Y0 线圈的写入，如图 1-0-38～图 1-0-43 所示。

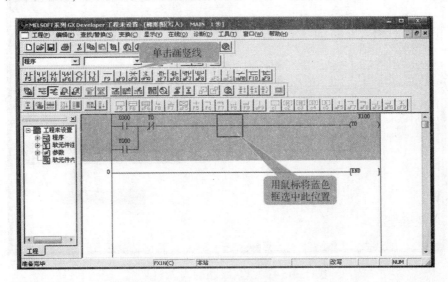

图 1-0-38 Y0 线圈的写入（一）

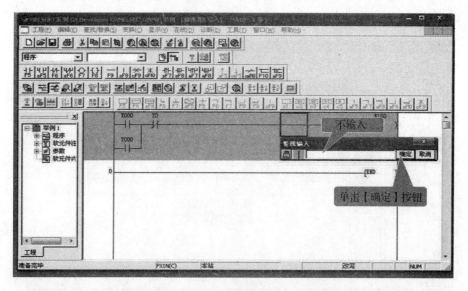

图 1-0-39　Y0 线圈的写入（二）

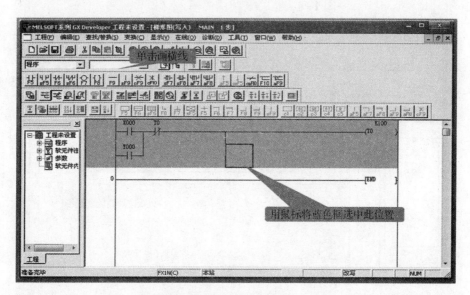

图 1-0-40　Y0 线圈的写入（三）

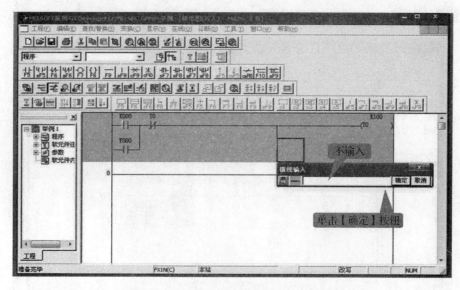

图 1-0-41　Y0 线圈的写入（四）

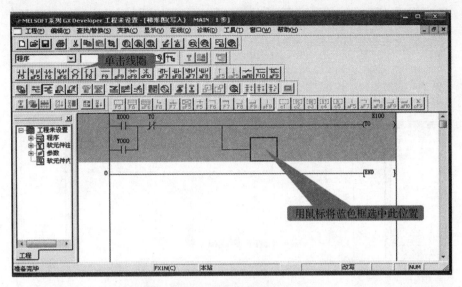

图 1-0-42　Y0 线圈的写入（五）

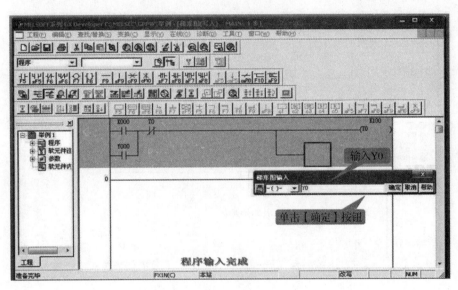

图 1-0-43　Y0 线圈的写入（六）

（三）梯形图转换与程序检查

1. 梯形图转换

画好后需要进行"转换"，此时梯形图为灰色（图 1-0-44），这是因为程序还未能转换为 PLC 所能执行的指令。转换后的梯形图如图 1-0-45 所示。

①方法一：单击菜单栏【变换】→【变换】菜单项，如图 1-0-46 所示。

PLC 梯形图的转换

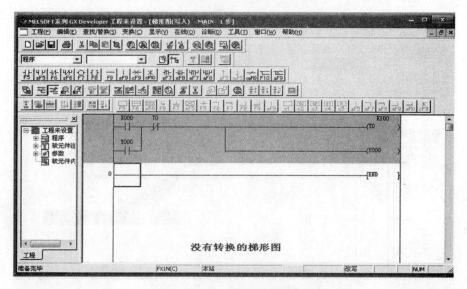

图 1-0-44　未转换的梯形图

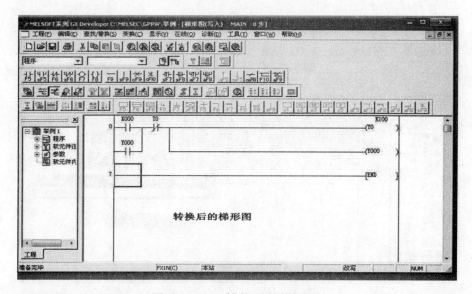

图 1-0-45　转换后的梯形图

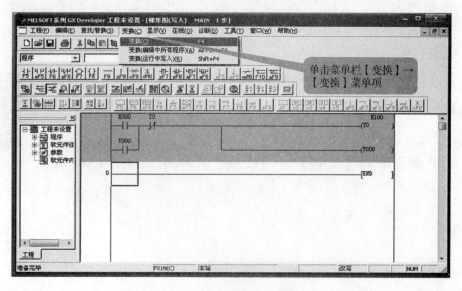

图 1-0-46　梯形图的转换方法（一）

②方法二：用鼠标左键单击【变换】功能键，如图 1-0-47 所示。

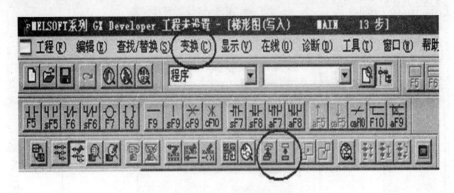

图 1-0-47　梯形图的转换方法（二）

③方法三：使用快捷键【F4】对梯形图进行程序转换。

2. 程序检查

在程序的转换过程中，如果程序有错，则会给出提示，梯形图中出现的蓝色框停留处为不能转换处，修改后则可转换。出错原因多为梯形图逻辑关联有误，即有语法错误。经过转换后的梯形图还可通过"程序检查"进一步检查所编制程序的正确性。

PLC 程序的检查

程序检查的方法是：单击菜单栏的【工具】→【程序检查】菜单项查询程序的正确性，如图 1-0-48、图 1-0-49 所示。

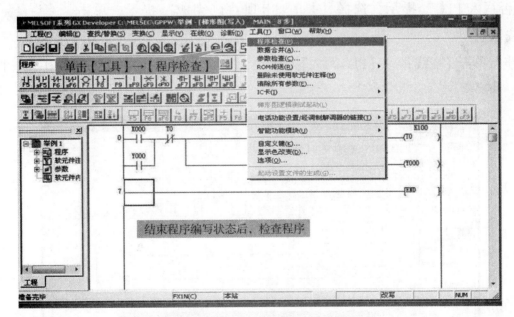

图 1-0-48　程序检查（一）

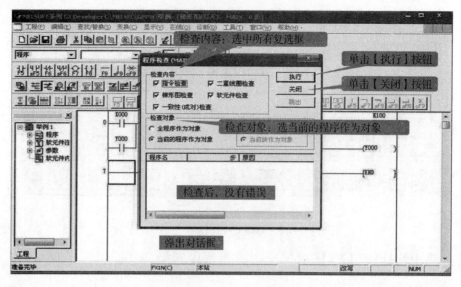

图 1-0-49　程序检查（二）

（四）PLC 程序的写入、运行

1. PLC 程序的写入

梯形图经过转换后就可下载（写入）到 PLC 了。方法是：菜单栏【在线】→【PLC 写入】，打开"PLC 写入"对话框，单击【参数+程序】→【程序】→【步范围指定】，写入恰当的终止步数，单击【执行】按钮，出现"是否写入 PLC"提示，选择【是】，出现"已完成"提示，单击【确定】按钮。

程序写入 PLC

第一步，单击【在线】→【PLC 写入】，弹出"PLC 写入"对话框，如图 1-0-50、图 1-0-51 所示。

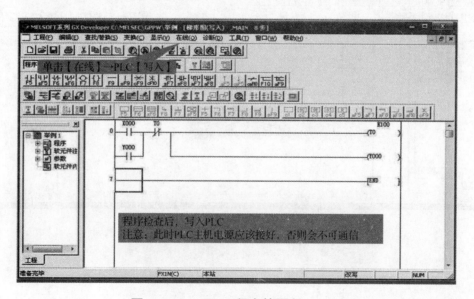

图 1-0-50　PLC 程序的写入（一）

第二步，单击【参数+程序】按钮后，再单击【程序】按钮弹出"PLC 写入"窗口，如图 1-0-52、图 1-0-53 所示。

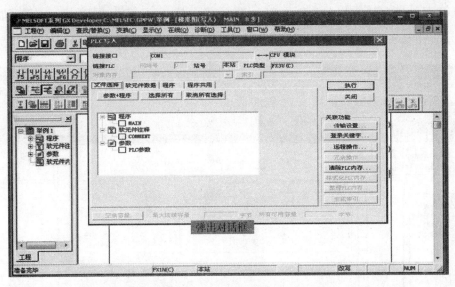

图 1-0-51 PLC 程序的写入（二）

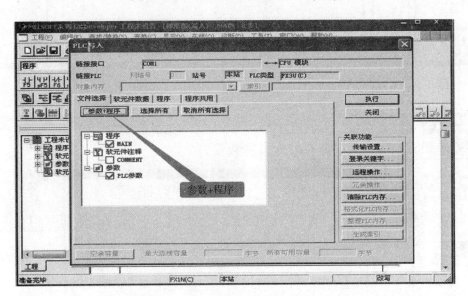

图 1-0-52 PLC 程序的写入（三）

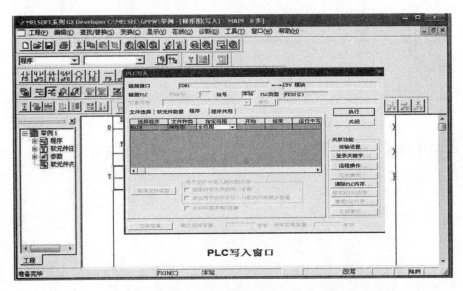

图 1-0-53 PLC 程序的写入（四）

第三步，单击【指定范围】下拉菜单，选择步范围输入结束程序步"7"，如图 1-0-54~图 1-0-56 所示。

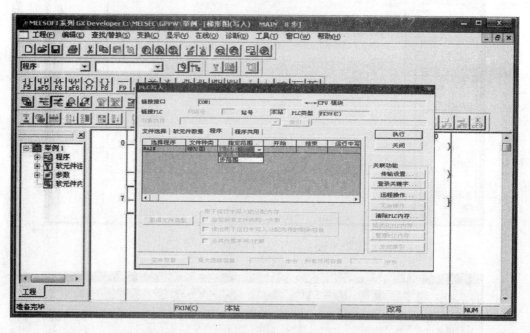

图 1-0-54　PLC 程序的写入（五）

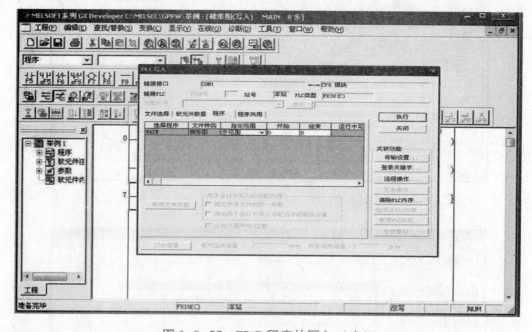

图 1-0-55　PLC 程序的写入（六）

第四步，单击【执行】按钮，弹出"是否执行"对话框，单击【是】按钮，如图 1-0-57、图 1-0-58 所示。

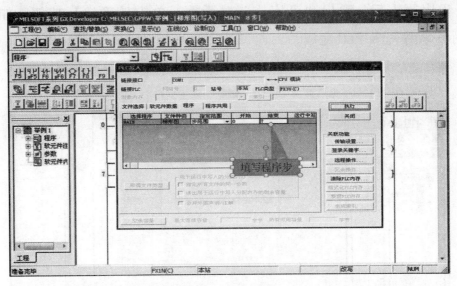

图 1-0-56　PLC 程序的写入（七）

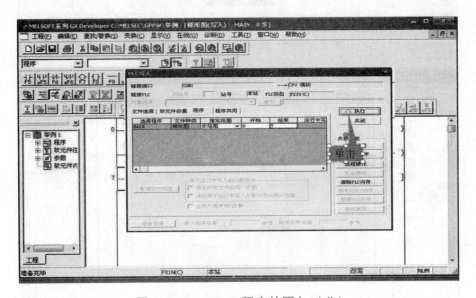

图 1-0-57　PLC 程序的写入（八）

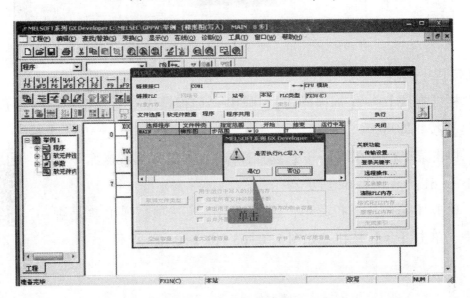

图 1-0-58　PLC 程序的写入（九）

第五步，程序写入后，弹出"已完成"对话框，单击【确定】按钮，如图 1-0-59、图 1-0-60所示，程序写入 PLC 完成。

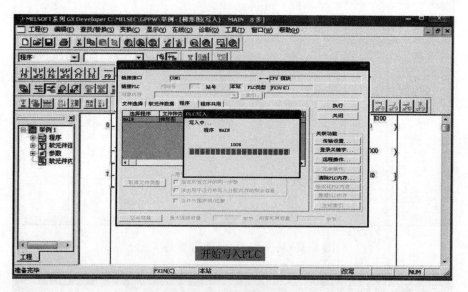

图 1-0-59　PLC 程序的写入（十）

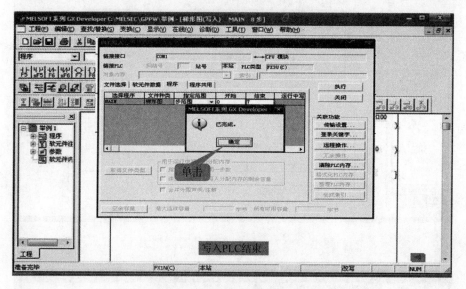

图 1-0-60　PLC 程序的写入（十一）

2. PLC 程序的运行

单击菜单栏【在线】→【远程操作】，弹出"远程操作"对话框，询问是否执行远程运行，单击【是】按钮即可。

第一步，单击菜单栏【在线】→【远程操作】，弹出"远程操作"对话框，如图 1-0-61、图 1-0-62 所示。

第二步，单击【操作】下拉菜单，选择"RUN"选项，弹出"是否执行"对话框，单击【是】按钮，如图 1-0-63~图 1-0-65 所示。

PLC 程序的运行

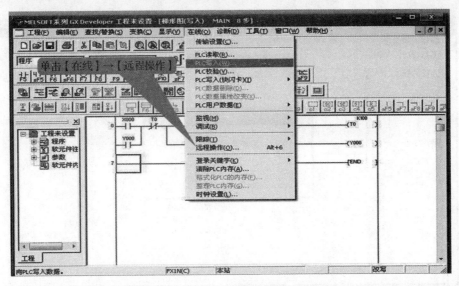

图 1-0-61 PLC 程序的运行（一）

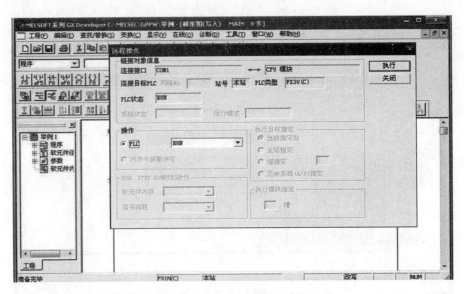

图 1-0-62 PLC 程序的运行（二）

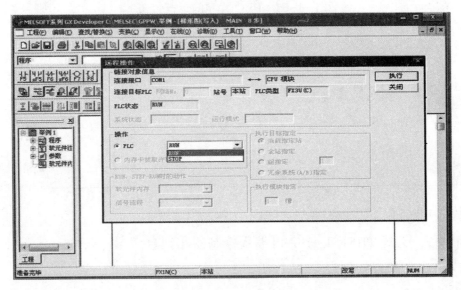

图 1-0-63 PLC 程序的运行（三）

图 1-0-64　PLC 程序的运行（四）

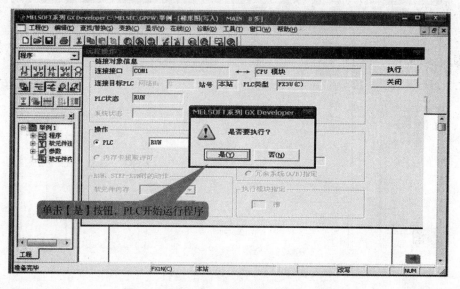

图 1-0-65　PLC 程序的运行（五）

任务一　认识 PLC

资源准备

PLC 实训室中准备以下实训设备、材料：

（1）实训设备：天煌 THPFSL-1/2 可编程控制器实训台。

（2）计算机、GX 编程软件。

接受工作任务

一名技术工人正在维护自动化生产线，设备使用了三菱 PLC。根据设备维护要求，需要观察了解 PLC 的工作状态及 PLC 的输入/输出是否正常。如果你是技术工人，应该如何对 PLC 进行观察处理呢？

收集信息

（1）登录三菱电机（中国）官方网站（https://cn.mitsubishielectric.com/zh/index.html）（见图 1-1-1），了解三菱集团及工业控制相关信息。

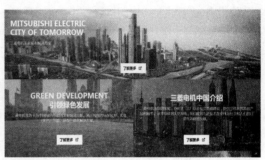

图 1-1-1　三菱电机（中国）官方网站

（2）20 世纪 60 年代末期，美国的汽车制造工业竞争异常激烈。为了适应生产工艺不断更新的需要、降低成本、缩短新产品的开发周期，美国（　　　　）在 1968 年提出了招标开发研制新型顺序逻辑控制装置的十条要求，1969 年（　　　　）完成招标要求并在汽车生产流水线上运行成功，它的型号为（　　　　）。

（3）根据教材了解 PLC 的结构，并完成图 1-1-2 的标注。

（4）根据 PLC 的工作原理把图 1-1-3 填充完整。

（5）查阅资料，认识 PLC 的面板，并完成图 1-1-4 的标注。

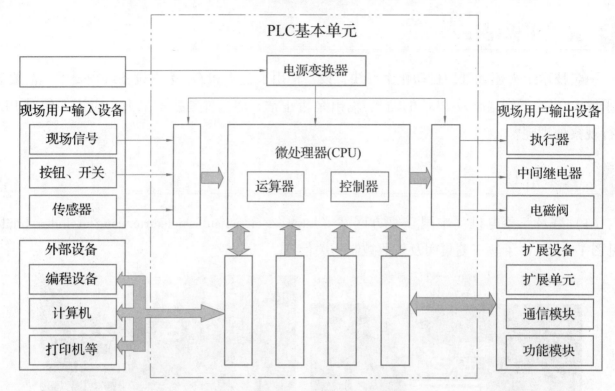

图 1-1-2　PLC 系统结构示意图

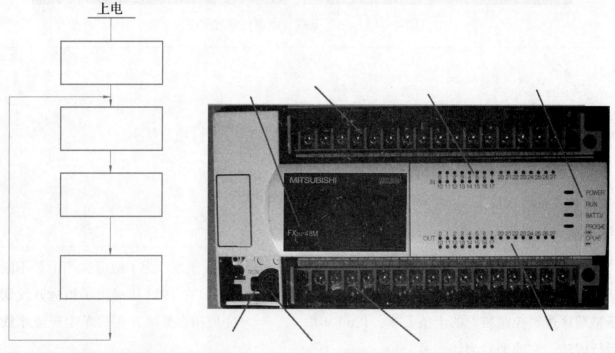

图 1-1-3　PLC 工作流程　　　　　　　　　　图 1-1-4　PLC 面板

（6）查阅教材及其他资料，完成以下内容：

①实训室实训设备上电前的要求是（　　　　　　　　）。

②实训室 6S 管理规定是指：（　　　）、（　　　）、（　　　）、（　　　）、（　　　）、（　　　）。

③（　　　）永远是我们铭记的准则。

制定任务实施方案

分组查阅教材和相关资料学习 PLC 的构造和面板，能够通过面板指示灯判断 PLC 的工作状态。具体的任务实施方案为：

1. 任务分工

组别	姓名	分配的任务

2. 任务实施步骤

任务		实施步骤
认识 PLC	步骤一：认识 PLC 的构造	辨认 PLC 的结构，能够指出各部件的作用
	步骤二：认识 PLC 的工作原理	了解 PLC 的工作原理
	步骤三：认识 PLC 的面板	识别 PLC 面板的组成，能够根据生产工况观察 PLC 面板，判断 PLC 的工作状态

3. 异常情况处理办法

任务实施

查阅教材和相关资料，参照任务实施方案，完成"认识 PLC"任务，把下列相应内容填写完整。

1. 认识 PLC 的构造

Step1 中央处理单元（CPU）

中央处理单元是 PLC 的核心，中央处理单元的作用是：（   ）、（   ）、（   ）、（   ）、（   ）。

Step2 存储器

PLC 存储器分为系统程序存储器和用户程序存储器。系统程序存储器用于存放（　　　）程序。用户程序存储器存放（　　　）程序，固化在 RAM 中，允许修改且由用户启动使用。

Step3 输入/输出单元（I/O 接口电路）

I/O 单元是 PLC 与被控对象间传递输入/输出信号的接口部件，有了 I/O 单元就可将各种开关、按钮和传感器等直接接到 PLC（　　　），也可以将各种执行机构（如电磁阀、继电器、接触器等）直接接到 PLC 的（　　　）。

Step4 通信接口

通信接口用于和外部设备连接实现（　　），如编程器、打印机、计算机等。实现 PLC 之间、计算机和 PLC 之间的（　　　）功能，使 PLC 可应用于各种类型的工业控制系统中。

Step5 扩展接口

实现资源或（　　）扩展。连接 I/O 模块实现 I/O 接口端扩展，连接模拟量的 I/O 模块、PID 过程控制模块、温度控制模块。

Step6 电源单元

PLC 的供电电源一般为（　　）V，允许电源在电压额定值±（10%~15%）的范围内波动。

Step7 编程设备

专用编程设备有手持编程器和台式编程器两种。实训室中采用（　　　）编程。

认识 PLC 的构造任务完成情况汇总

Step	完成情况	收获与分析
1		
2		
3		
4		
5		

续表

Step	完成情况	收获与分析
6		
7		

2. 认识 PLC 的工作原理

Step1 认识 PLC 的型号

PLC 采用（　　　　）的工作方式，执行用户程序。具体分为（　　　　）、（　　　　）、（　　　　）、（　　　　）4 个阶段。

Step2 初始化处理阶段

PLC 初始化处理阶段完成的任务是（　　　　）、（　　　　）。

Step3 处理输入信号阶段

在处理输入信号阶段，（　　　　）对输入端进行扫描，将获得的各个输入端子的信号送到（　　　　）存放。在同一扫描周期内，某个输入端的信号在输入暂存器中（　　　　）。

Step4 程序处理阶段

CPU 工作进入第三个阶段，进行用户程序的处理，对用户程序进行（　　　）依次扫描，并根据输入暂存器的输入信号和有关指令进行运算和处理，最后将结果写入（　　　）中。

Step5 处理输出信号阶段

将输出信号从输出（　　　）中取出，送到（　　　）电路，驱动输出，控制被控设备进行各种相应的动作。之后 CPU 又返回执行下一个循环扫描周期。

PLC 的扫描周期也就是 PLC 的一个完整工作周期，即从读入输入信号到发出输出信号所用的时间，它与（　　　）、时钟频率，以及所用指令的执行时间有关，一般输入采样和输出刷新只需要 1~2 ms，所以扫描时间主要由（　　　）执行的时间决定。

认识 PLC 的工作原理任务完成情况汇总

Step	完成情况	收获与分析
1		

续表

Step	完成情况	收获与分析
2		
3		
4		
5		

3. 认识 PLC 的面板

Step1 认识 PLC 的型号

PLC 型号 FX$_{3U}$-48MR 中 FX 指（   ），48 是说明（   ），M 指
（   ），R 代表（   ）。

Step2 学会观察 PLC 的状态指示灯

将指示灯与对应的代表意义连接起来。

POWER 电源指 示灯（绿灯）	当 PLC 处于正常运行状态时，该灯点亮。
RUN 运行指 示灯（绿灯）	如果该指示灯点亮说明锂电池电压不足，应更换。
BATT. V 内部锂 电池电压低指 示灯（红灯）	如果该指示灯闪烁，说明出现以下类型的错误： 1. 程序语法错误。 2. 锂电池电压不足。 3. 定时器或计数器未设置常数。 4. 干扰信号使程序出错。 5. 程序执行时间超出允许时间，此灯连续亮。
PROG. E（CPU. E） 程序出错指 示灯（红灯）	PLC 接通 AC 220 V 电源后，该灯点亮，正常时仅有该灯点亮，表示 PLC 处于编辑状态。

Step3 模式转换开关与通信接口的应用

模式转换开关及通信接口如图 1-1-5 所示。

图 1-1-5　模式转换开关及通信接口

模式转换开关用来改变 PLC 的工作模式，PLC 电源接通后，将转换开关打到 RUN 位置上，则 PLC 的运行指示灯（RUN）发光，表示 PLC 正处于（　　　　）状态；将转换开关打到 STOP 位置上，则 PLC 的运行指示灯（RUN）熄灭，表示 PLC 正处于（　　　　）状态。

通信接口用来连接手编器或电脑，通信线与 PLC 连接时，务必注意：（　　　　　　　　）正确对应后才可将通信线接口用力插入 PLC 的通信接口，避免损坏接口。

Step4 认识 PLC 的电源端子、输入端子，学会观察输入指示灯

外接电源端子：图 1-1-6 中方框内的端子为 PLC 的外部电源端子（L、N、地），通过这部分端子外接 PLC 的外部电源（　　　　　）V。

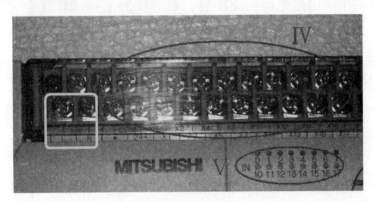

图 1-1-6　PLC 的电源端子及输入端子

输入公共端子 COM：在外接传感器、按钮、行程开关等外部信号元件时必须接的一个公共端子。

+24 V 电源端子：PLC 自身为外部设备提供的直流 24 V 电源，多用于三端传感器。

X 端子：X 端子为（　　　　　　）的接线端子，是将外部信号引入 PLC 的必经通道。

"." 端子：带有 "." 符号的端子表示该端子未被使用，不具有功能。

输入指示灯：为 PLC 的输入（IN）指示灯，PLC 有正常输入时，对应输入点的指示灯（　　　　）。

Step5 认识 PLC 的输出端子，学会观察输出指示灯

输出公共端子 COM（图 1-1-7）：此端子为 PLC 输出公共端子，在 PLC 连接交流接触器线圈、电磁阀线圈、指示灯等负载时必须连接的一个端子。实训室中的 PLC 共有（　　　）、（　　　）、（　　　）、（　　　）、（　　　）5 个公共端子。在负载使用相同电压类型和等级时，将

它们用导线短接起来就可以了。在负载使用不同电压类型和等级时，Y0～Y3 共用（　　　），Y4～Y7 共用（　　　），Y10～Y13 共用（　　　），Y14～Y17 共用（　　　），Y20～Y27 共用（　　　）。对于共用一个公共端子的同一组输出，必须用同一电压类型和同一电压等级，但不同的公共端子组可使用不同的电压类型和电压等级。

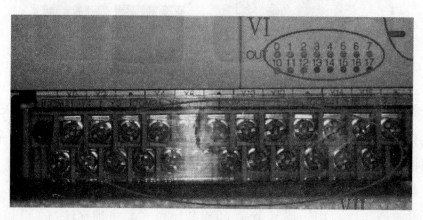

图 1-1-7　PLC 的输出端子

Y 端子：Y 端子为 PLC 的（　　　　）接线端子，是将 PLC 指令执行结果传递到负载侧的必经通道。

输出指示灯：当某个输出继电器被驱动后，则对应的 Y 指示灯就会（　　　　）。

认识 PLC 的面板任务完成情况汇总

Step	完成情况	收获与分析
1		
2		
3		
4		
5		

评价总结

学习任务评价表

班级：　　　　　小组：　　　　　学号：　　　　　姓名：

	主要测评项目	学生自评			
		A	B	C	D
关键能力总结	1. 遵守纪律，遵守学习场所管理规定，服从安排				
	2. 具有安全意识、责任意识、6S 管理意识，注重节能环保				
	3. 学习态度积极主动，能按时参加安排的实习活动				
	4. 具有团队合作意识，注重沟通，能自主学习及相互协作				
	5. 仪容仪表符合学习活动要求				
专业知识和能力总结	1. 能指出 PLC 的基本构造，明确各部件的作用				
	2. 能指出 PLC 的 4 个阶段，明确程序编写的基本次序				
	3. 能正确观察 PLC 面板，判断 PLC 的工作状态				
	4. 能正确查阅 PLC 技术手册及其他相关资料				
个人自评总结和建议					
小组评价					
教师评价		总评成绩			

知识拓展

1. 西门子 PLC 的认识

上网查询西门子 PLC，了解其构造及面板。

完成情况	收获与分析
完成	
未完成	

2. 欧姆龙 PLC 的认识

上网查询欧姆龙 PLC，了解其构造及面板。

完成情况	收获与分析
完成	
未完成	

任务二　应用 GX 编程软件

资源准备

PLC 实训室中准备以下实训设备、材料：

（1）实训设备：天煌 THPFSL-1/2 可编程控制器实训台。

（2）计算机、GX 编程软件。

接受工作任务

一名技术工人正在维护自动化生产线，设备使用了三菱 PLC。根据设备维护要求，需要完成 PLC 程序的编写、调试。如果你是技术工人，应该如何实现 PLC 程序的写入与运行调试？

收集信息

（1）登录三菱电机（中国）官方网站（https：//cn. mitsubishielectric. com/zh/index. html），了解工业自动化产品和解决方案中控制器——可编程控制器的相关知识，如图 1-2-1 所示。

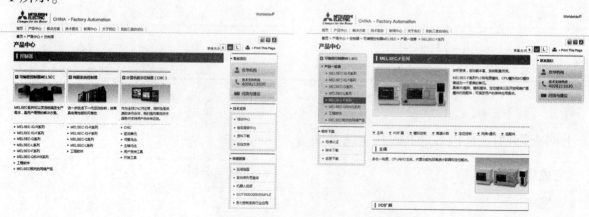

图 1-2-1　三菱电机（中国）官方网站

（2）登录三菱电机（中国）官方网站（https://cn.mitsubishielectric.com/zh/index.html），下载三菱 PLC 编程软件及相关资料。

（3）在电脑中安装 GX 编程软件并运行。

（4）指出图 1-2-2 中各标注的名称。

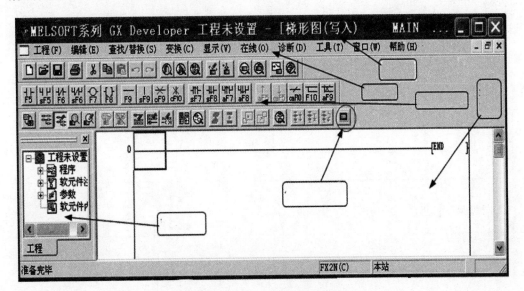

图 1-2-2　GX 编程软件界面

（5）查阅教材及其他资料，完成以下内容：

①实训室实训设备上电前的要求是（　　　　　　　）。

②实训室 6S 管理规定是指：（　　）、（　　）、（　　）、（　　）、（　　）、（　　）。

③（　　）永远是我们铭记的准则。

制定任务实施方案

分组查阅教材和相关资料学习 GX 编程软件的使用，能够完成 PLC 文件的创建和管理、绘制、转换与程序检查、写入与运行。具体的任务实施方案如下。

1. 任务分工

组别	姓名	分配的任务

2. 任务实施步骤

任务	实施步骤	
应用 GX 编程 软件	步骤一	
	步骤二	

3. 异常情况处理办法

任务实施

查阅教材和相关资料，参照任务实施方案，完成"应用 GX 编程软件"任务，把下列相应内容填写完整。

1. 文件的创建和管理

Step1 GX 编程软件的启动

方法一
方法二

Step2 GX 工程文件的打开

方法

Step3 创建新工程

方法一
方法二

Step4 工程文件的保存

方法一
方法二
方法三

Step5 工程文件的关闭

方法一
方法二

文件的创建和管理任务完成情况汇总

Step	完成情况	收获与分析
1		
2		
3		
4		
5		

2. 梯形图的绘制

Step1 完成梯形图（见图 1-2-3）的输入。

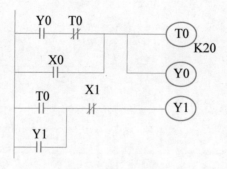

图 1-2-3 梯形图

梯形图的绘制任务完成情况汇总

Step	完成情况	收获与分析
1		

3. 梯形图的转换与程序检查

Step1 梯形图的转换

方法一：
方法二：
方法三：

Step2 程序检查

程序检查的方法是：

梯形图的转换与程序检查任务完成情况汇总

Step	完成情况	收获与分析
1		
2		

4. PLC 程序的写入与运行

Step1 PLC 程序的写入

方法：

Step2 PLC 程序的运行

方法：

PLC 程序的写入与运行任务完成情况汇总

Step	完成情况	收获与分析
1		
2		

评价总结

学习任务评价表

班级：　　　　小组：　　　　学号：　　　　姓名：

	主要测评项目	学生自评			
		A	B	C	D
关键能力 总结	1. 遵守纪律，遵守学习场所管理规定，服从安排				
	2. 具有安全意识、责任意识、6S 管理意识，注重节能环保				
	3. 学习态度积极主动，能按时参加安排的实习活动				
	4. 具有团队合作意识，注重沟通，能自主学习及相互协作				
	5. 仪容仪表符合学习活动要求				
专业知识和 能力总结	1. 能够完成 PLC 文件的创建和管理				
	2. 能够完成 PLC 梯形图的输入				
	3. 能够完成 PLC 梯形图的转换及程序检查				
	4. 能够完成 PLC 程序的写入和运行				
个人自评总结 和建议					

续表

小组 评价	
教师 评价	总评成绩

知识拓展

1. FX 软件的认识

上网查询 FX 软件，了解其基本使用方法。

完成情况	收获与分析
完成	
未完成	

2. GXWORK 软件的认识

上网查询 GXWORK 软件，了解其基本使用方法。

完成情况	收获与分析
完成	
未完成	

电动机控制系统中 PLC 基本指令的应用（初级篇）

模块描述

通过模块一的学习，我们知道 PLC 是在电动机控制电路的基础上发展起来的，它与电动机控制电路的最主要区别就是用指令的编写代替烦琐的接线。通过本单元的学习，可以掌握如何运用 PLC 的基本指令改造典型的电动机控制电路。

```
                电动机控制系统中PLC基本指令的应用（初级篇）
    ┌──────┬──────┬──────┬──────┬──────┬──────┐
  学习目标  技术规范及考核  知识单元 PLC的  任务一 利用PLC  任务二 利用PLC  任务三 利用PLC改
                        基本指令    改造正反转电路  改造顺序控制电路  造丫-△降压启动电路
    │        │        │        │        │        │
  一、知识目标 一、技能规范 一、FX2N系列  资源准备    资源准备    资源准备
  二、技能目标 二、技能标准   PLC内部软  接受工作任务  接受工作任务  接受工作任务
  三、素质目标 三、技能样题   元件资源   收集信息    收集信息    收集信息
                      二、FX2N系列  制定任务实施方案 制定任务实施方案 制定任务实施方案
                        PLC的基本  任务实施    任务实施    任务实施
                        指令      评价总结    评价总结    评价总结
                               知识拓展    知识拓展    知识拓展
```

学习目标

一、知识目标

（1）了解 PLC 内部的软元件，掌握 PLC 中 X、Y、M、S、T、D 六类软元件的作用和应用。

（2）理解常用的 14 条基本指令的功能和应用：LD、LDI、AND、ANI、ANB、OR、ORI、ORB、SET、RST、PLS、PLF、END、OUT。

（3）了解电动机点动、连续运转、正反转、顺序控制、Y-△启动的电路原理图；掌握 PLC 典型控制要求的工作原理（点动、连续运转、正反转、顺序控制、Y-△启动）。

（4）掌握 PLC 指令系统及应用、程序设计方法。

（5）理解电气控制线路布线方法和接线规范。

二、技能目标

（1）能根据实际需要选择合适的低压电器器件，并能够检测质量好坏。

（2）会依据电动机点动、连续运转、正反转、顺序控制、Y-△启动电路设计 PLC 接线图，能按规范和工艺要求安装电路，并能排除电路常见故障。

（3）能应用基本指令编写 PLC 典型控制电路的程序（点动、连续运转、正反转、顺序控制、Y-△启动）。

（4）能正确应用常用电工工具和仪器仪表，会查阅相关电工手册及行业标准。

三、素质目标

（1）结合生产生活实际，了解 PLC 技术的认知方法，培养学习兴趣，形成正确的学习方法，有一定的自主学习能力。

（2）通过实训室技能实训培养学生良好的操作规范，养成安全操作的职业素养。

（3）通过参加实践活动，培养运用 PLC 技术知识和工程应用方法解决生产生活中相关实际 PLC 问题的能力，初步具备 PLC 系统安装、控制、调试及维修的基本职业能力。

（4）培养学生安全生产、节能环保和产品质量等职业意识，养成良好的工作习惯、工作作风和职业道德。

（5）培养学生具有电子行业的职业规范、质量第一的意识、安全生产和分工协作的团队意识及严谨细致的工作作风。

技术规范及考核

一、技能规范

（1）遵守电气设备安全操作规范和文明生产要求，安全用电，防火，防止出现人身、设备事故。

（2）正确穿着佩戴个人防护用品，包括工作服、工作鞋、各类手套等。

（3）正确使用电工工具与设备，工具摆放整齐。

（4）根据 PLC 控制线路，按电气工艺进行安装与调试，防止出现电气元器件损坏。

（5）考核过程中应保持设备及工作台的清洁，保证工作场地整洁。严格按照实训室 6S 标准规范操作。

二、技能标准

序号	作业内容	操作标准
1	安全防护	1. 正确穿着佩戴个人防护用品，包括工作服、工作鞋、工作帽等； 2. 正确选择常用的电工工具
2	编程软件的基本使用	1. 能够创建 PLC 新工程； 2. 熟练完成梯形图的输入，实现梯形图的转换； 3. 能够正确完成 PLC 程序的保存； 4. 能够正确进行 PLC 程序的传输
3	PLC 硬件	1. 了解 FX$_{2N}$ 系列 PLC 内部系统配置，分清 X、Y、M、S、T、C、K、H 八种软元件； 2. 能够正确地完成 FX$_{2N}$ 系列 PLC 的输入和输出接线； 3. 掌握电气控制线路布线和接线的规范
4	PLC 编程	1. 掌握常用的 14 条基本指令（LD、LDI、AND、ANI、ANB、OR、ORI、ORB、SET、RST、PLS、PLF、END、OUT）的使用； 2. 掌握 PLC 典型控制要求的工作原理（点动、连续运转、正反转、顺序控制、Y-△启动），按照工艺要求进行 FX$_{3U}$ 系列 PLC 典型控制线路的安装、接线、程序设计及调试

三、技能样题

PLC 初级技能考核样题

一、考核内容

（一）安全文明生产

（1）熟知实习场地的规章制度及安全文明要求。

（2）严禁不经过监考员允许带电操作，确保人身安全。

（3）不带电操作，安全无事故，保持现场环境整洁。

（二）编程软件的基本使用

（1）能够创建 PLC 新工程。

（2）熟练完成梯形图的输入，实现梯形图的转换。

（3）能够正确完成 PLC 程序的保存。

（4）能够正确进行 PLC 程序的传输。

（三）PLC 硬件

（1）了解 FX$_{2N}$ 系列 PLC 内部系统配置，重点掌握 X、Y、M、S、K、H 六种软元件。

（2）能够正确地完成 FX2N 系列 PLC 的输入和输出接线。

（3）掌握电气控制线路布线和接线的规范。

（四）PLC 编程

（1）掌握常用的 14 条基本指令：LD、LDI、AND、ANI、ANB、OR、ORI、ORB、SET、RST、PLS、PLF、END、OUT。

（2）理解 PLC 典型控制要求的工作原理（点动、连续运转、正反转、顺序控制、丫-△启动）。

（3）能根据电路图，按照工艺要求进行 FX_{2N} 系列 PLC 典型控制线路的安装、接线、程序设计及调试（点动、连续运转、正反转、顺序控制、丫-△启动）。

二、考核试题

1. 点动电路

（1）根据点动电路原理图，完成 PLC 控制线路的安装、接线、程序设计与调试。

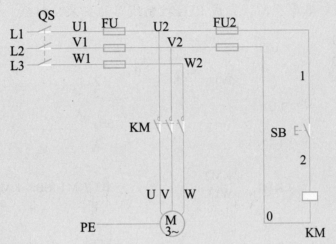

（2）在花园中要安装一个小型喷泉，水泵是一台小功率的三相异步电动机，要求按下启动按钮，喷泉喷涌；松开按钮，喷泉停止喷水。完成 PLC 控制线路的安装、接线、程序设计与调试。

（3）每按动按钮一次，电动机作星形连接运转一次。完成 PLC 控制线路的安装、接线、程序设计与调试。

2. 连续运转电路

（1）根据连续运转电路原理图，完成 PLC 控制线路的安装、接线、程序设计与调试。

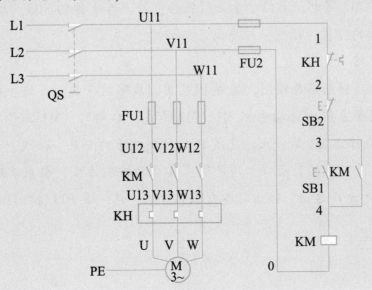

（2）在花园中要安装一个小型喷泉，水泵是一台小功率的三相异步电动机，要求按下启动按钮，喷泉喷涌而且一直喷涌；按下停止按钮，喷泉停止喷水。完成 PLC 控制线路的安装、接线、程序设计与调试。

（3）按启动按钮，电动机启动，并单方向连续运行；当按下停止按钮时电动机停止运转；如果电动机连续运行的过程中发生长时间过载现象或严重过载现象时，自动停止运行，进行检修。完成 PLC 控制线路的安装、接线、程序设计与调试。

3. 正反转电路

（1）根据正反转电路原理图，完成 PLC 控制线路的安装、接线、程序设计与调试。

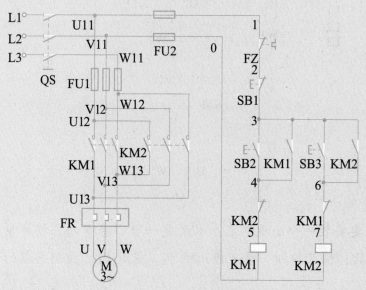

（2）按下正转启动按钮 SB1，KM1 得电，电动机正转连续运行；按下反转启动按钮 SB2，KM2 得电，电动机反转连续运行；按下停止按钮 SB3，电动机停止运行。完成 PLC 控制线路的安装、接线、程序设计与调试。

（3）设计自动门电路，要求：按下开门按钮 SB1，KM1 得电，大门处于开门状态；按下关门按钮 SB2，KM2 得电，大门处于关门状态；按下停止按钮 SB3，大门处于停止状态。完成 PLC 控制线路的安装、接线、程序设计与调试。

4. 顺序控制电路

（1）根据顺序控制电路原理图，完成 PLC 控制线路的安装、接线、程序设计与调试。

（2）两级传送带系统由传动电机 M1、M2 构成，启动时，M1 工作之后 M2 才可以工作；停止时，M2 先停止 M1 后停止。完成 PLC 控制线路的安装、接线、程序设计与调试。

（3）现有两台小功率的电动机，均采用直接启动控制方式，要求实现当 1 号电动机启动后，2 号电动机才允许启动，停止时各自独立停止。请完成 PLC 控制线路的安装、接线、程序设计与调试。

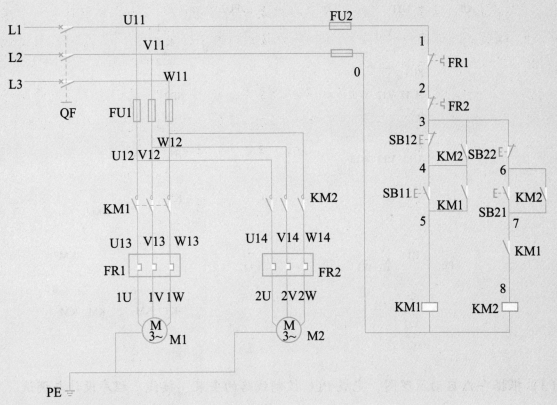

5. Y-△降压启动控制电路

（1）根据Y-△启动原理图，完成 PLC 控制线路的安装、接线、程序设计与调试。

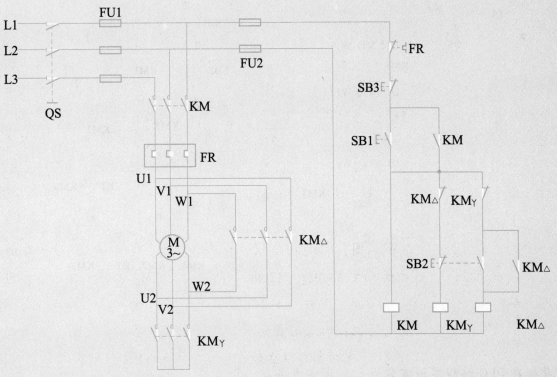

（2）根据Y-△启动原理图，完成 PLC 控制线路的安装、接线、程序设计与调试。

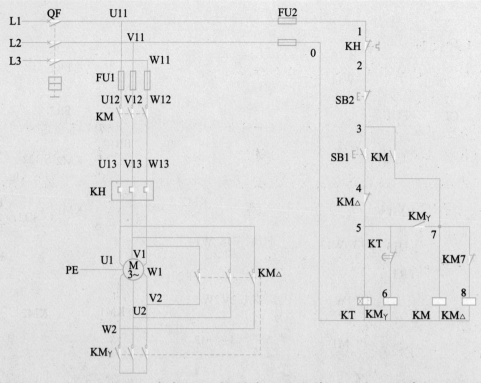

（3）根据丫-△启动原理图，完成 PLC 控制线路的安装、接线、程序设计与调试。

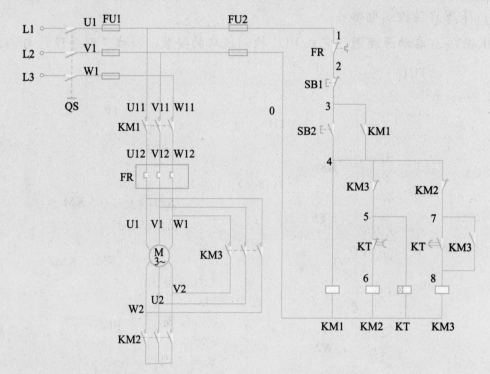

考核在 PLC 编程实训室完成。实训室准备：

（1）天煌 PLC 实训台。

（2）计算机（计算机安装 GX 编程软件）。

四、考核说明及评判标准

（一）考核说明

考核时从 5 套试题中进行抽取，分两步操作。

第一步，在 1~5 中任选三套题。

第二步，在选出的三套题中各自抽取一道题，共三道题组成初级技能测试题进行测试。

学生依据初级技能测试题的要求，熟练使用天煌 PLC 实训台完成电气控制电路的 PLC 控制，具体内容包括：按照电路图或控制要求完成电路的 I/O 分配和接线图的设计；完成电路的安装与接线；完成 PLC 程序设计与调试等。

（二）评判标准

1. 素质考核配分、评分标准（20 分）

评价项目	评价内容	配分	评价标准	得分
知识应用能力	PLC 知识应用	5	态度端正，理论联系实际	
思维拓展能力	拓展学习的表现与应用	5	积极地拓展学习并能正确应用	
安全文明操作	不带电操作，安全无事故，保持现场环境整洁	10	不带电操作，安全无事故，保持现场环境整洁，不干扰评分，不损坏设备	
合计			教师签字　　　　年　　月　　日	

2. PLC 技能操作过程配分、评分标准（80 分）

序号	主要内容	考核要求	评分标准	配分	扣分	得分
1	PLC 输入/输出接线	1. 按题目的要求，正确选用电气元器件，并完成接线； 2. 电源接线、输入接线、输出接线正确无误； 3. 布线要求美观、紧固	1. 布线错误，电源接线、输入接线、输出接线，每根扣 2 分； 2. 布线不美观，电源接线、输入部分接线、输出部分接线，每根扣 0.5 分	25		
2	程序编写与调试	1. PLC 控制程序编写准确； 2. 能够实现启动、停止； 3. 能够实现基本控制要求； 4. 程序编写完成后准确下载到 PLC 中； 5. 程序调试方法准确，符合规范	1. PLC 控制程序编写不当，每处错误扣 5 分； 2. 不能够实现启动、停止，每一处扣 5 分； 3. 不能够实现基本控制要求，扣 20 分； 4. 程序编写完成后不能准确下载到 PLC 中，扣 10 分； 5. 程序调试运行不符合规范，每处扣 5 分	40		

续表

序号	主要内容	考核要求	评分标准	配分	扣分	得分
3	程序运行	在保证人身和设备安全的前提下，一次成功	一次运行不成功扣 5 分；二次运行不成功扣 10 分；三次运行不成功扣 15 分	15		
备注			合计			
		教师签字		年　月　日		

知识单元　PLC 的基本指令

知识导图

知识单元 PLC 的基本指令，提供下图所示层次体系结构的知识内容。

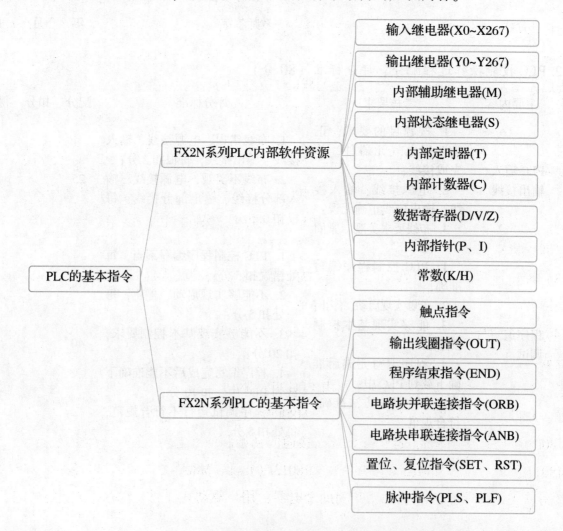

一、FX2N 系列 PLC 内部软元件资源

（一）输入继电器（X0～X267）

输入继电器是 PLC 中用来专门存储系统输入信号的内部虚拟继电器。它又被称为输入的映像区，它可以有无数个动合触点和动断触点，在 PLC 编程中可以随意使用。这类继电器的状态不能用程序驱动，只能用输入信号驱动。FX 系列 PLC 的输入继电器采用八进制编号。FX2N 系列 PLC 带扩展时，输入继电器最多可达 184 点，其编号为 X0～X7、X10～X17…X260～X267。

（二）输出继电器（Y0～Y267）

输出继电器是 PLC 中专门用来将运算结果信号经输出接口电路及输出端子送达并控制外部负载的虚拟继电器。它在 PLC 内部直接与输出接口电路相连，它有无数个动合触点与动断触点，这些动合与动断触点可在 PLC 编程时随意使用。外部信号无法直接驱动输出继电器，它只能用程序驱动。FX 系列 PLC 的输出继电器采用八进制编号。FX2N 系列 PLC 带扩展时，输出继电器最多可达 184 点，其编号为 Y0～Y267。

（三）内部辅助继电器（M）

PLC 内有很多辅助继电器。辅助继电器的线圈与输出继电器一样，由 PLC 内各软元件的触点驱动。辅助继电器的动合、动断触点使用次数不限，在 PLC 内可以自由使用。但是，这些触点不能直接驱动外部负载，外部负载的驱动必须由输出继电器执行。内部辅助继电器中还有一类特殊辅助继电器，它有各种特殊功能。FX2N 系列 PLC 的辅助继电器按照其功能分成以下三类。

特殊辅助继电器的地址采用十进制。

（1）通用辅助继电器 M0～M499（500 点），非保持型。

（2）断电保持辅助继电器 M500～M1023（524 点），保持型，由后备锂电池支持。通过参数设定可改为非保持型。

（3）断电保持辅助继电器 M1024～M3071（2 048 点），固定保持型，不能通过参数设定改变其保持型。

（4）特殊辅助继电器 M8000～M8255（256 点）这些特殊辅助继电器各自具有特殊的功能，一般分成两大类。

①一类是只能利用其触点，其线圈由 PLC 自动驱动。

如：M8000（运行监视），PLC 运行时 M8000 接通。

M8002（初始化脉冲），运行开始瞬间接通的初始脉冲继电器。

M8011（10 ms）、M8012（100 ms）、M8013（1 s）、M8014（1 min）时钟脉冲继电器。

②另一类是可驱动线圈型的特殊辅助继电器，用户驱动其线圈后，PLC 做特定的动作。

如：M8033 指 PLC 停止时输出保持特殊辅助继电器，M8034 是指禁止全部输出特殊辅助继电器，M8039 是指定时扫描特殊辅助继电器。

（四）内部状态继电器（S）

状态继电器是 PLC 在顺序控制系统中实现控制的重要内部元件，多与步进顺序控制指令 STL 组合使用。状态继电器也与辅助继电器一样，有无数的动合触点和动断触点，不用步进指令时与辅助继电器 M 用法一样。状态继电器地址采用十进制。

状态继电器分成 4 类，其编号及点数如下：

初始状态器：S0~S9（10 点）；

回零状态器：S10~S19（10 点）；

通用状态器：S20~S499（480 点）；

保持状态器：S500~S899（400 点）；

报警状态器：S900~S999（100 点）。

注意：FX2N 系列 PLC 可通过程序设定将 S0~S499 设置为有断电保持功能的状态器。

（五）内部定时器（T）

定时器在 PLC 中相当于一个时间继电器，它有一个设定值寄存器（一个字）、一个当前值寄存器（字）以及无数个触点（位）。对于每一个定时器，这三个量使用同一个名称，但使用场合不一样，其所指的也不一样。通常在一个可编程控制器中有几十个至数百个定时器，可用于定时操作。

$$定时时间 = 时间脉冲单位 \times 预定值$$

其中，时间脉冲单位有 1 ms、10 ms、100 ms 三种；预定值（设定值）为十进制常数 K，取值范围为 K1~K32767。也可用数据寄存器（D）的内容作间接指定。在 PLC 中有两个与定时器有关的储存区，即设定值寄存器和当前值寄存器。

定时器的地址也采用十进制编号。

1. 常规定时器 T0~T245

100 ms 定时器 T0~T199，共 200 点，定时时间 0.1~3 276.7 s；

10 ms 定时器 T200~T245，共 46 点，定时时间 0.01~327.67 s。

例 1：分析定时器图 T200 应用实例的工作原理，如图 2-0-1 所示。

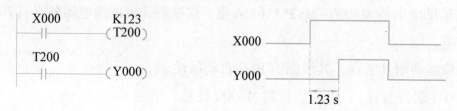

图 2-0-1　常规定时器图 T200 应用实例

工作原理：当触发信号 X0 接通时，定时器 T200 开始工作，当前寄存器对 10 ms 时钟脉冲进行累计计数，当该值与设定值 K123 相等时，定时时间到，定时器触点动作，即动合触点闭合，动断触点断开；触发信号 X0 断开，定时器复位，触点恢复常态。

2. 积算定时器 T246~T255

1 ms 积算定时器 T246~T249，共 4 点，定时时间 0.001~32.767 s；

100 ms 积算定时器 T250~T255，共 6 点，定时时间 0.1~3 276.7 s。

例 2：分析定时器 T250 应用实例工作原理，如图 2-0-2 所示。

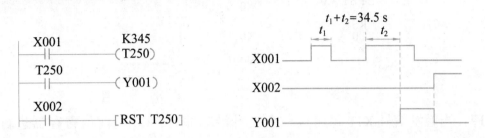

图 2-0-2　积算定时器图 T250 应用实例

工作原理：当触发信号 X1 接通时，定时器 T250 开始工作，当前值寄存器对 100 ms 时钟脉冲进行累计计时，当该值与设定值 K345 相等时，定时时间到，定时器触点动作，即动合触点闭合，动断触点断开。若计时中间触发信号断开，当前值可保持。输入触发信号再接通或复电时，计时继续进行。当复位触发信号 X2 断开，定时器复位，触点恢复常态。

（六）内部计数器（C）

计数器是 PLC 重要的内部部件，它是在执行扫描操作时对内部元件 X、Y、M、S、T、C 的信号进行计数。当计数达到设定值时，计数器触点动作。计数器的动合、动断触点可以无限使用。

内部计数器有一个设定值寄存器（一个字长），一个当前值寄存器（一个字长），以及动合、动断触点（可无限次使用）。对于每一个计数器，这三个量采用同一地址编号，但使用场合不一样。FX2N 系列的计数器组件共有 235 个计数器，编号为 C0~C234。

1. 16 位加计数器 C0~C199

通用计数器 C0~C99，共 100 个。

断电保持计数器 C100~C199，共 10 个。

每个设定值的范围为：K1~K32 767（十进制常数）。

2. 32 位加/减计数器 C200~C234

通用计数器 C200~C219，共 20 个。

断电保持计数器 C220~C234，共 15 个。

每个设定值的范围为：−K2 147 483 648~+K2 147 483 647（十进制常数）。

要点提示：

（1）计数器通常以用户程序存储器内的常数 K 作为设定值，也可以使用数据寄存器 D 的内容作为设定值。

（2）设定值为 K0 时，程序执行时与参数为 K1 时具有相同的含义，在第一次计数开始时输出就开始动作。

（3）在 PLC 断电时，通用计数器的计数值会被清除，而断电保持型计数器则可存储断电前的计数值，在恢复供电后，计数器以上一次数值累计值继续计数。

例 3：分析通用计数器应用实例的工作原理，如图 2-0-3 所示。

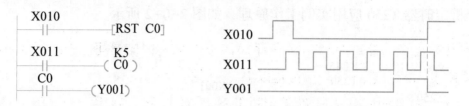

图 2-0-3　通用计数器应用实例

工作原理：当触发信号 X11 每输入一个上升沿脉冲时，C0 当前值寄存器进行累计计数，当该值与设定值相等时，计数器触点动作，即动合触点闭合，同时控制了 Y1 的输出。复位触发信号 X10 接通时，计数器 C0 复位，触点恢复常态，Y1 停止输出。

（七）数据寄存器（D/V/Z）

可编程控制器用于模拟量控制、位置控制、数据 I/O 时，需要许多数据寄存器存储参数及工作数据。这类寄存器的数量随着机型不同而不同。

每个数据寄存器都是 16 位，其中最高位为符号位，可以用两个数据寄存器合并起来存放 32 位数据（最高位为符号位）。

（1）通用数据寄存器 D0~D199，共 200 点。只要不写入数据，则数据将不会变化，直到再次写入。这类寄存器内的数据，一旦 PLC 状态由运行（RUN）转成停止（STOP），则全部数据均清零。但当特殊辅助继电器 M8031 置 1，PLC 由运行转为停止时数据可以保持。

（2）停电保持数据寄存器 D200~D511，共 312 点。除非改写，否则数据不会变化。即使 PLC 状态变化或断电，数据仍可以保持。

（3）特殊数据寄存器 D8 000~D8 255，共 256 点。这类数据寄存器用于监视 PLC 内各种元件的运行方式，其内容在电源接通（ON）时，写入初始化值（全部清零，然后由系统 ROM 安排写入初始值）。

（4）文件寄存器 D1 000~D2 999，共 2 000 点。文件寄存器实际上是一类专用数据寄存器，用于存储大量的数据，如采集数据、统计计算器数据、多组控制参数等，500 点为一个单位。其数量由 CPU 的监视软件决定。在 PLC 运行中，用 BMOV 指令可以将文件寄存器中的数据读到通用数据寄存器中，但不能用指令将数据写入文件寄存器。

（5）变址寄存器 V/Z，共 2 点。V 和 Z 都是 16 位寄存器，可单独使用，也可单独用作 32 位寄存器，V 为高 16 位，Z 为低 16 位。

（八）内部指针（P、I）

内部指针是 PLC 在执行程序时用来改变执行流向的元件。它有分支指令专用指针 P 和中断用指针 I 两类。

（1）分支指令专用指针 P0～P63：分支指令用指针在应用时，要与相应的应用指令 CJ、CALL、FEND、SRET 及 END 配合使用，P63 为结束跳转使用。

（2）中断用指针 I：中断用指针是应用指令 IRET 中断返回、EI 开中断、DI 关中断配合使用的指令。

（九）常数（K/H）

在 PLC 中常数也作为器件对待，它在存储器中占有一定的空间。PLC 最常用的常数有两种：一种是以 K 表示的十进制数，一种是以 H 表示的十六进制数。例如，K100 表示十进制的 100，H64 表示十六进制的 64，对应的是十进制的 100。常数一般用于定时器、计数器的设定值或数据操作。

PLC 中的数据全部是以二进制表示的，最高位是符号位，0 表示正数，1 表示负数。在手持编程器或编程软件中只能以十进制或十六进制形式进行数据输入或显示。

二、FX2N 系列 PLC 的基本指令

（一）触点指令

触点指令格式及功能如表 2-0-1 所示。

表 2-0-1　触点指令格式及功能

梯形图符号	语句表指令（操作码）	功能	操作数及程序步
⊢ ┤├	LD	取指令，将一常开触点与左母线相连接	
⊢ ┤╱├	LDI	取反指令，将一常闭触点与左母线相连接	
─┤├─	AND	与指令，串联一个动合触点，可连续使用	X、Y、M、S、T、C 占 1 步
─┤╱├─	ANI	与非指令，串联一个动断触点，可连续使用	
└┤├─	OR	或指令，并联一个动合触点，可连续使用	
└┤╱├─	ORI	或非指令，并联一个动断触点，可连续使用	

要点提示：

（1）梯形图程序的触点有常开和常闭触点两类，类似于继电接触器控制系统的电器接点，可自由串并联，且使用次数不限。

（2）梯形图中的触点都是位元件，其状态用二进制数字 1 和 0 表示。常开触点和存储器的位状态一致，1 状态代表常开触点闭合，0 状态代表常开触点断开。而常闭触点则和对应位的状态相反（见图 2-0-4）。

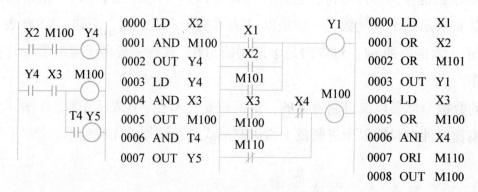

图 2-0-4　触点的梯形图及指令

（二）输出线圈指令（OUT）

输出线圈指令格式及功能如表 2-0-2 所示。

表 2-0-2　输出线圈指令格式及功能

梯形图符号	语句表指令（操作码）	功能	操作数及程序步
─○	OUT	线圈驱动指令，用当前结果寄存器的内容去驱动指定线圈	Y、M、S、T、C 占 1 步

要点提示：

（1）OUT 不能驱动输入继电器 X。

（2）OUT 指令可以连续使用多次，但对一个元件（操作数）一般只能使用一次。

（三）程序结束指令（END）

END：程序结束指令，是一个无操作数的指令，占用一个程序步。

PLC 的工作原理为循环扫描方式，即开机执行程序均由第一句指令语句（步序号为 000）开始执行，一直执行到最后一句语句 END，依次循环执行，END 后面的指令无效，即 PLC 不执行。所以在程序的适当位置上插入 END，便可以方便地进行程序的分段调试。但要注意在某段程序调试完毕后，及时删去 END 指令。

（四）电路块并联连接指令（ORB）

ORB（Or Block）：块或指令，即电路块并联连接指令。

所完成的操作功能是将结果寄存器的内容与堆栈寄存器的内容相或，其结果仍送到结果寄存器。

两个或两个以上的触点串联连接的电路是"串联电路块"，在并联连接这种串联电路块时，在支路起点要用 LD、LDI 指令，而在该支路终点要用 ORB 指令，如图 2-0-5 所示。

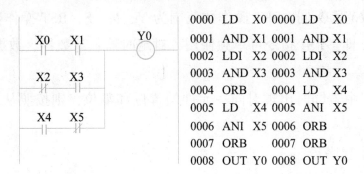

0000	LD	X0	0000	LD	X0
0001	AND	X1	0001	AND	X1
0002	LDI	X2	0002	LDI	X2
0003	AND	X3	0003	AND	X3
0004	ORB		0004	LD	X4
0005	LD	X4	0005	ANI	X5
0006	ANI	X5	0006	ORB	
0007	ORB		0007	ORB	
0008	OUT	Y0	0008	OUT	Y0

图 2-0-5　电路块并联连接梯形图及指令

使用注意事项：

（1）有两种使用方法，一种是在要并联的两个块电路后面加 ORB 指令，即分散使用 ORB 指令，其并联电路块的个数没有限制；另一种是集中使用 ORB 指令，集中使用 ORB 的次数不允许超过 8 次。所以不推荐集中使用 ORB 指令的这种编程方法。

（2）ORB 指令无操作数。

（五）电路块串联连接指令（ANB）

ANB（And Block）：块与指令，即电路块串联连接指令。其示例如图 2-0-6 所示。

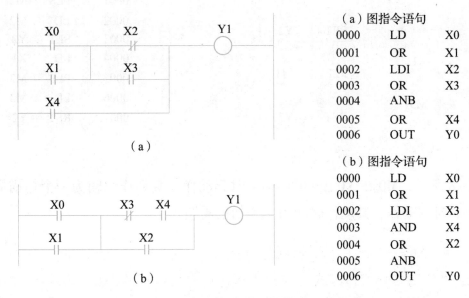

（a）图指令语句

0000	LD	X0
0001	OR	X1
0002	LDI	X2
0003	OR	X3
0004	ANB	
0005	OR	X4
0006	OUT	Y0

（b）图指令语句

0000	LD	X0
0001	OR	X1
0002	LDI	X3
0003	AND	X4
0004	OR	X2
0005	ANB	
0006	OUT	Y0

图 2-0-6　电路块串联连接梯形图及指令

所完成的操作功能是将结果寄存器的内容与堆栈寄存器的内容相与，其结果仍送到结果寄存器。两个或两个以上的触点并联连接的电路称为"并联电路块"。

将并联电路块与前面电路串联连接时使用 ANB 指令。分支的起点用 LD 或 LDI 指令，在并联电路块结束后，使用 ANB 指令与前面电路串联。ANB 无操作数。

（六）置位、复位指令（SET、RST）

SET：置位指令，使对应目标元件得电并保持。

RST：复位指令，使对应目标元件复位清零。

要点提示：

（1）两者操作数范围不同。SET 操作数范围为 Y、M、S，RST 操作数范围为 Y、M、S、T、C、D、V、Z 等。即：RST 指令可单独使用，对定时器、计数器、数据寄存器和变址寄存器等字元件内容清零。

（2）一个梯形图中若同时出现对同一元件的置位和复位，则按照从上到下执行的顺序，后执行者结果有效。

（3）占用 1~3 个程序步。

（七）脉冲指令（PLS、PLF）

PLS（Pulse）：脉冲上微分指令，在输入信号的上升沿产生脉冲输出。

PLF（Pulse）：脉冲下微分指令，在输入信号的下降沿产生脉冲输出。

PLS，PLF 指令都占两个程序步，其使用如图 2-0-7 所示。使用 PLS 指令时，元件 Y、M 仅在驱动输入触点闭合的一个扫描周期内动作，而使用 PLF 指令，元件 Y、M 仅在驱动输入触点断开后的一个扫描周期内动作。

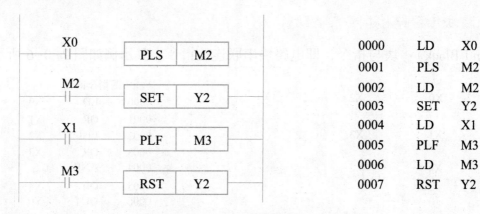

图 2-0-7　脉冲梯形图及指令

如图 2-0-8 所示，M0 在 X0 由 OFF→ON 时刻动作，其动作时间为一个扫描周期。M1 在 X1 由 ON→OFF 时刻动作，其动作时间为一个扫描周期。

图 2-0-8　扫描周期

任务一 利用 PLC 改造正反转电路

资源准备

PLC 实训室中准备以下实训设备、材料：

（1）实训设备：天煌 THPFSL-1/2 可编程控制器实训台。

（2）计算机、GX 编程软件。

接受工作任务

一名技术工人正在对大门的开关系统进行自动化改造，设备使用了三菱 PLC。根据设备安装改造要求，需要用 PLC 实现大门的开、关。如果你是技术工人，应该如何设计改造大门的开关系统？

收集信息

（1）绘制点动电路的接线图，如图 2-1-1 所示。

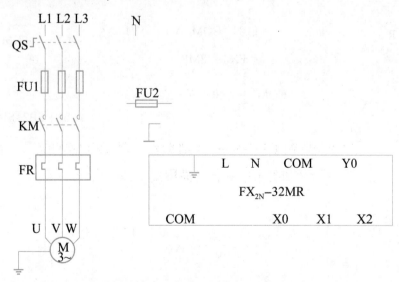

图 2-1-1 点动电路的接线图

（2）绘制连续运转电路接线图，如图 2-1-2 所示。

（3）绘制正反转电路接线图，如图 2-1-3 所示。

（4）利用触点串联指令完成下列程序的编制。假定有三个开关控制一盏灯，要求三个开关全部闭合时灯才能点亮，其他情况都不亮，如图 2-1-4 所示。（三个开关对应的 PLC 输入点为 X0、X1、X2；灯对应的 PLC 输出点为 Y0。）

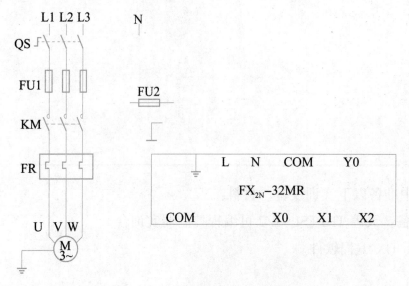

图 2-1-2　连续运转电路接线图

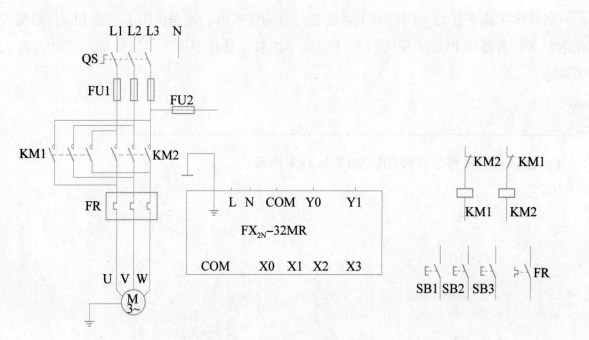

图 2-1-3　正反转电路接线图

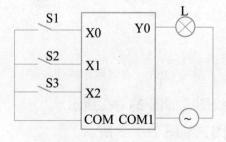

图 2-1-4　灯控制电路

PLC 程序：

（5）利用触点并联指令完成下列程序的编制。仍然是三个开关控制一盏灯，要求三个开关任意一个闭合均可使灯点亮，地址不变。试画出 I/O 接线图、梯形图及语句表。

（6）查阅教材及其他资料，完成以下内容：

①实训室实训设备上电前的要求是（　　　　　　　　）。

②实训室 6S 管理规定是指：（　　　）、（　　　）、（　　　）、（　　　）、（　　　）、（　　　）。

③（　　　）永远是我们铭记的准则。

制定任务实施方案

分组查阅教材和相关资料学习正反转控制系统相关知识，能够完成正反转控制系统的安装与程序调试。具体的任务实施方案为：

1. 任务分工

组别	姓名	分配的任务

2. 任务实施步骤

任务		实施步骤
利用 PLC 改造正反转电路	步骤一	
	步骤二	

3. 异常情况处理办法

任务实施

查阅教材和相关资料，参照任务实施方案，完成"利用 PLC 改造正反转电路"任务，把下列相应内容填写完整。

1. 点动电路

Step1 写出点动电路的 PLC 程序

PLC 程序：

基本指令控制电动机
点动运行

Step2 实训台完成点动电路的接线

接线记录：

Step3 完成 PLC 程序的输入与调试

输入与调试记录：

点动电路任务完成情况汇总

Step	完成情况	收获与分析
1		
2		
3		

2. 连续运转电路

Step1 写出连续运转电路的 PLC 程序

> PLC 程序：

基本指令控制电动机
连续运行起动与停止

Step2 实训台完成连续运转电路的接线

> 接线记录：

Step3 完成 PLC 程序的输入与调试

> 输入与调试记录：

连续运转电路任务完成情况汇总

Step	完成情况	收获与分析
1		
2		
3		

3. 点动与连续运转电路

Step1 绘制点动与连续运转电路的 I/O 接线图

接线图如图 2-1-5 所示。

基本指令控制电动机
点动与连续运行

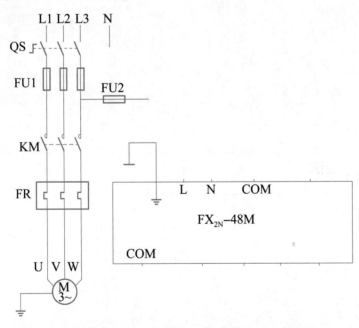

图 2-1-5　点动与连续运转电路的 I/O 接线图

Step2 写出点动与连续运转电路的 PLC 程序

PLC 程序：

Step3 实训台完成点动与连续运转电路的接线

接线记录：

Step4 完成 PLC 程序的输入与调试

输入与调试记录：

点动与连续运转电路任务完成情况汇总

Step	完成情况	收获与分析
1		
2		
3		
4		

4. 接触器联锁正反转电路

Step1 写出接触器联锁正反转电路的 PLC 程序

PLC 程序：

基本指令接触器连锁
控制电动机正反转

Step2 实训台完成接触器联锁正反转电路的接线

接线记录：

Step3 完成 PLC 程序的输入与调试

输入与调试记录：

接触器联锁正反转电路任务完成情况汇总

Step	完成情况	收获与分析
1		
2		
3		

5. 按钮、接触器双重联锁正反转电路

Step1 绘制按钮、接触器双重联锁正反转电路的 I/O 接线图（图 2-1-6）

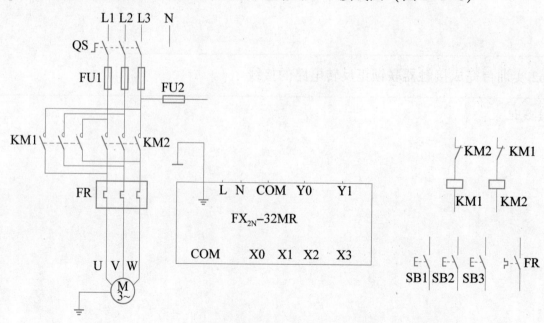

图 2-1-6   按钮、接触器双重联锁正反转电路的 I/O 接线图

Step2 写出按钮、接触器双重联锁正反转电路的 PLC 程序

PLC 程序：

基本指令按钮接触器连
锁控制电动机正反转

Step3 实训台完成按钮、接触器双重联锁正反转电路的接线

接线记录：

Step4 完成 PLC 程序的输入与调试

输入与调试记录：

按钮、接触器双重联锁正反转电路任务完成情况汇总

Step	完成情况	收获与分析
1		
2		
3		
4		

评价总结

学习任务评价表

班级：　　　　　小组：　　　　　学号：　　　　　姓名：

	主要测评项目	学生自评			
		A	B	C	D
关键能力总结	1. 遵守纪律，遵守学习场所管理规定，服从安排				
	2. 具有安全意识、责任意识、6S 管理意识，注重节能环保				
	3. 学习态度积极主动，能按时参加安排的实习活动				
	4. 具有团队合作意识，注重沟通，能自主学习及相互协作				
	5. 仪容仪表符合学习活动要求				
专业知识和能力总结	1. 能够完成绘制 PLC 的 I/O 接线图				
	2. 能够编制 PLC 程序				
	3. 能够完成 PLC 系统的安装接线				
	4. 能够完成 PLC 程序的写入和调试				
个人自评总结和建议					
小组评价					

续表

		总评成绩
教师 评价		

知识拓展

多地控制电路如图 2-1-7 所示，完成下列任务。

Step1 绘制多地控制电路的 I/O 接线图（图 2-1-8）

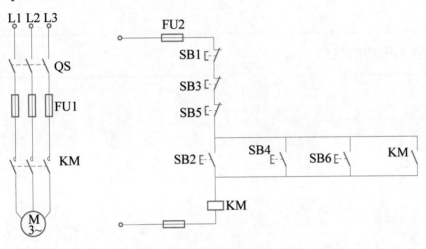

基本指令多地控制
电动机运行

图 2-1-7　多地控制电路

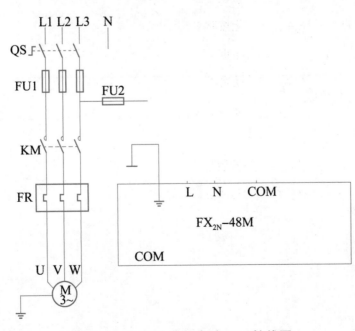

图 2-1-8　多地控制电路 I/O 接线图

Step2 写出多地控制电路的 PLC 程序

PLC 程序：

Step3 实训台完成多地控制电路的接线

接线记录：

Step4 完成 PLC 程序的输入与调试

输入与调试记录：

多地控制电路任务完成情况汇总

Step	完成情况	收获与分析
1		
2		
3		
4		

任务二 利用 PLC 改造顺序控制电路

资源准备

PLC 实训室中准备以下实训设备、材料等：

（1）实训设备：天煌 THPFSL-1/2 可编程控制器实训台。

（2）计算机、GX 编程软件。

接受工作任务

一名技术工人正在对三级传送带系统进行自动化设计，设备使用了三菱 PLC。根据设备安装要求，应该如何设计三级传送带系统？

收集信息

（1）分析顺序控制电路的原理，如图 2-2-1 所示。

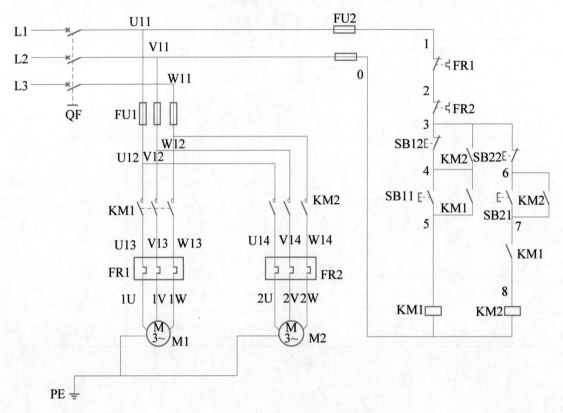

图 2-2-1　顺序控制电路的原理

工作原理：

（2）绘制顺序控制电路的接线图，如图 2-2-2 所示。

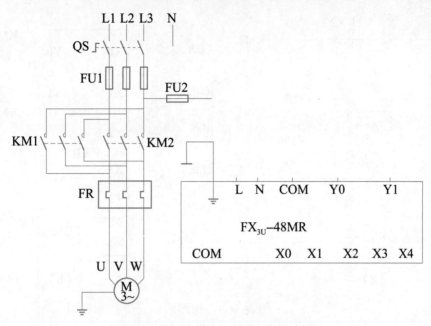

图 2-2-2 顺序控制电路接线图

（3）分析下列梯形图的工作原理，如图 2-2-3 所示。

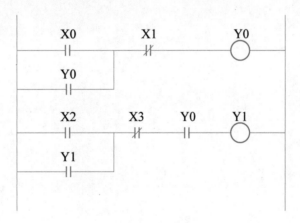

图 2-2-3 梯形图

工作原理：

（4）分析下列梯形图的工作原理，如图 2-2-4 所示。

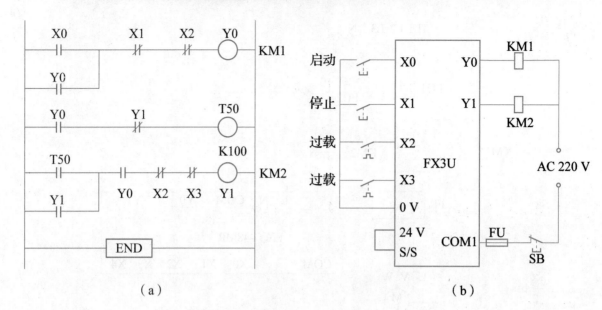

图 2-2-4　梯形图

（a）梯形图；（b）I/O 接线图

工作原理：

（5）查阅教材及其他资料，完成以下内容：

①实训室实训设备上电前的要求是（　　　　　　　）。

②实训室 6S 管理规定是指：（　　）、（　　）、（　　）、（　　）、（　　）、（　　）。

③（　　）永远是我们铭记的准则。

制定任务实施方案

分组查阅教材和相关资料学习顺序控制系统相关知识，能够完成三级传送带系统的安装与程序调试。具体的任务实施方案为：

1. 任务分工

组别	姓名	分配的任务

2. 任务实施步骤

任务	实施步骤	
利用 PLC 改造顺序控制电路	步骤一	
	步骤二	

3. 异常情况处理办法

任务实施

查阅教材和相关资料，参照任务实施方案，完成"利用 PLC 改造顺序控制电路"任务，把下列相应内容填写完整。

1. 主电路完成顺序控制

Step1 绘制主电路完成顺序控制电路的 I/O 接线图

基本指令主电路控制
电动机顺序起动

I/O 接线图：

Step2 写出主电路完成顺序控制电路的 PLC 程序

PLC 程序：

Step3 实训台完成主电路顺序控制电路的接线

接线记录：

Step4 完成 PLC 程序的输入与调试

输入与调试记录：

主电路完成顺序控制任务完成情况汇总

Step	完成情况	收获与分析
1		
2		
3		
4		

2. 顺序启动控制

如图 2-2-5 所示，完成下列任务。

基本指令控制电路控
制电动机顺序起动

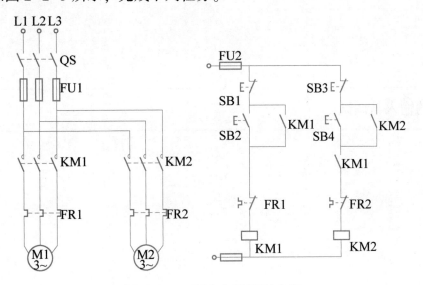

图 2-2-5　顺序启动控制电路

Step1 绘制顺序启动控制电路的 I/O 接线图

I/O 接线图：

Step2 写出顺序启动控制电路的 PLC 程序

PLC 程序：

Step3 实训台完成顺序启动控制电路的接线

接线记录：

Step4 完成 PLC 程序的输入与调试

输入与调试记录：

顺序起动控制任务完成情况汇总

Step	完成情况	收获与分析
1		
2		
3		

续表

Step	完成情况	收获与分析
4		

3. 顺序启动逆序停止电路控制

Step1 绘制顺序启动逆序停止电路的 I/O 接线图

I/O 接线图：

基本指令控制电动机
顺序起动与逆序停止

Step2 写出顺序启动逆序停止电路的 PLC 程序

PLC 程序：

Step3 实训台完成顺序启动逆序停止控制电路的接线

接线记录：

Step4 完成 PLC 程序的输入与调试

输入与调试记录：

顺序启动逆序停止电路控制任务完成情况汇总

Step	完成情况	收获与分析
1		
2		
3		
4		

评价总结

学习任务评价表

班级：　　　　　　小组：　　　　　　学号：　　　　　　姓名：

	主要测评项目	学生自评			
		A	B	C	D
关键能力 总结	1. 遵守纪律，遵守学习场所管理规定，服从安排				
	2. 具有安全意识、责任意识、6S 管理意识，注重节能环保				
	3. 学习态度积极主动，能按时参加安排的实习活动				
	4. 具有团队合作意识，注重沟通，能自主学习及相互协作				
	5. 仪容仪表符合学习活动要求				

续表

	主要测评项目	学生自评			
		A	B	C	D
专业知识和 能力总结	1. 能够完成绘制 PLC 的 I/O 接线图				
	2. 能够编制 PLC 程序				
	3. 能够完成 PLC 系统的安装接线				
	4. 能够完成 PLC 程序的写入和调试				
个人自评总结 和建议					
小组 评价					
教师 评价		总评成绩			

知识拓展

时间顺序控制电路如图 2-2-6 所示，完成下列任务。

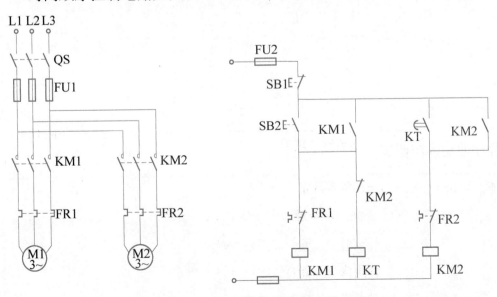

基本指令时间继电器
控制电动机顺序起动
与逆序停止行

图 2-2-6　时间顺序控制电路

Step1 绘制时间顺序控制电路的 I/O 接线图

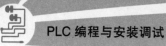

　　　I/O 接线图：

Step2 写出时间顺序控制电路的 PLC 程序

　　　PLC 程序：

Step3 实训台完成时间顺序控制电路的接线

　　　接线记录：

Step4 完成 PLC 程序的输入与调试

　　　输入与调试记录：

时间顺序控制电路任务完成情况汇总

Step	完成情况	收获与分析
1		
2		
3		
4		

任务三　利用 PLC 改造丫-△降压启动电路

资源准备

PLC 实训室中准备以下实训设备、材料：

（1）实训设备：天煌 THPFSL-1/2 可编程控制器实训台。

（2）计算机、GX 编程软件。

接受工作任务

一名技术工人正在对丫-△启动系统进行自动化设计，设备使用了三菱 PLC。根据设备安装要求，应该如何设计丫-△启动系统？

收集信息

（1）分析丫-△控制电路的原理，如图 2-3-1 所示。

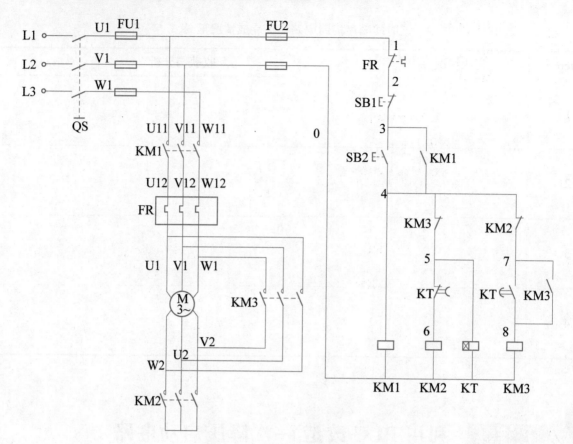

图 2-3-1　Υ-△控制电路

工作原理：

（2）绘制Υ-△控制电路的接线图，如图 2-3-2 所示。

（3）分析下列梯形图的工作原理，如图 2-3-3 所示。

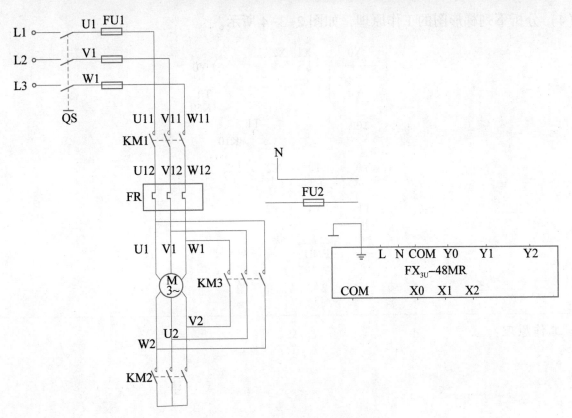

图 2-3-2 ∨-△ 控制电路接线图

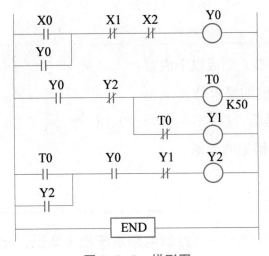

图 2-3-3 梯形图

工作原理：

（4）分析下列梯形图的工作原理，如图 2-3-4 所示。

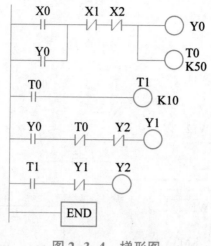

图 2-3-4　梯形图

工作原理：

（5）查阅教材及其他资料，完成以下内容：

①实训室实训设备上电前的要求是（　　　　　　　　）。

②实训室 6S 管理规定是指：（　　）、（　　）、（　　）、（　　）、（　　）、（　　）。

③（　　）永远是我们铭记的准则。

制定任务实施方案

分组查阅教材和相关资料学习Y-△控制电路系统相关知识，能够完成Y-△控制电路的安装与程序调试。具体的任务实施方案为：

1. 任务分工

组别	姓名	分配的任务

2. 任务实施步骤

任务		实施步骤
利用 PLC 改造Y-△降压启动电路	步骤一	
	步骤二	

3. 异常情况处理办法

任务实施

查阅教材和相关资料，参照任务实施方案，完成"利用 PLC 改造Y-△降压启动电路"任务，把下列相应内容填写完整。

1. 手动Y-△控制电路

Step1 绘制手动Y-△控制电路的 I/O 接线图

基本指令手动控制
Y-△起动

I/O 接线图：

Step2 写出手动Y-△控制电路的 PLC 程序

> PLC 程序：

Step3 实训台完成手动Y-△控制电路的接线

> 接线记录：

Step4 完成 PLC 程序的输入与调试

> 输入与调试记录：

手动丫-△控制电路任务完成情况汇总

Step	完成情况	收获与分析
1		
2		
3		
4		

2. 自动丫-△控制电路

Step1 写出自动丫-△控制电路的 PLC 程序

PLC 程序：

Step2 实训台完成自动丫-△控制电路的接线

接线记录：

Step3 完成 PLC 程序的输入与调试

输入与调试记录：

自动丫－△控制电路任务完成情况汇总

Step	完成情况	收获与分析
1		
2		
3		

评价总结

学习任务评价表

班级：　　　　　小组：　　　　　学号：　　　　　姓名：

	主要测评项目	学生自评			
		A	B	C	D
关键能力总结	1. 遵守纪律，遵守学习场所管理规定，服从安排				
	2. 具有安全意识、责任意识、6S 管理意识，注重节能环保				
	3. 学习态度积极主动，能按时参加安排的实习活动				
	4. 具有团队合作意识，注重沟通，能自主学习及相互协作				
	5. 仪容仪表符合学习活动要求				

续表

	主要测评项目	学生自评			
		A	B	C	D
专业知识和能力总结	1. 能够完成绘制 PLC 的 I/O 接线图				
	2. 能够编制 PLC 程序				
	3. 能够完成 PLC 系统的安装接线				
	4. 能够完成 PLC 程序的写入和调试				
个人自评总结和建议					
小组评价					
教师评价		总评成绩			

知识拓展

如图 2-3-5 所示，主电路与前边的电路有什么区别？

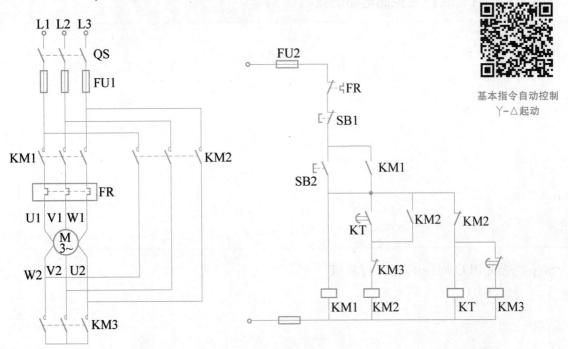

基本指令自动控制
Y-△起动

图 2-3-5　主电路

Step1 绘制Y-△控制电路的 I/O 接线图

I/O 接线图：

Step2 写出Y-△控制电路的 PLC 程序

PLC 程序：

Step3 实训台完成Y-△控制电路的接线

接线记录：

Step4 完成 PLC 程序的输入与调试

输入与调试记录：

知识拓展任务完成情况汇总

Step	完成情况	收获与分析
1		
2		
3		
4		

生产中 PLC 步进指令典型应用（中级篇）

模块描述

　　三菱 PLC 针对工业的顺序控制设计了两条步进指令，可以非常方便地把生产过程的先后次序体现出来。通过本单元的学习，可以掌握 PLC 步进指令的典型应用。

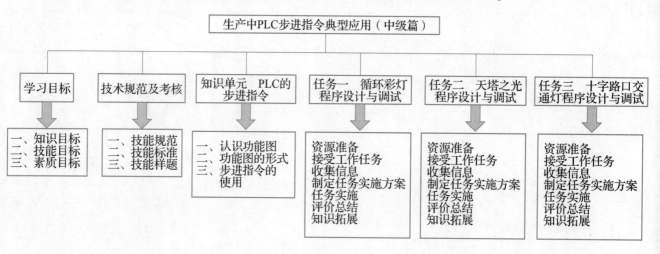

学习目标

一、知识目标

（1）了解 PLC 内部的软元件，掌握 PLC 中 X、Y、M、S、T、D 六类软元件的作用和应用。

（2）掌握常用的 14 条基本指令：LD、LDI、AND、ANI、ANB、OR、ORI、ORB、SET、RST、PLS、PLF、END、OUT。

（3）掌握步进指令 STL、RET 的使用。

（4）理解 PLC 典型控制要求的工作原理（点动、连续运转、正反转、顺序控制、丫-△启动、循环彩灯、天塔之光、十字路口交通灯），能够设计典型电路的 PLC 接线图，完成步进指令控制程序设计。

（5）理解电气控制线路布线方法和接线规范。

二、技能目标

（1）能根据实际需要选择合适的低压电器器件，并能够检测质量好坏。

（2）能根据电路图，按照工艺要求进行 FX$_{2N}$ 系列 PLC 典型控制线路的安装、接线、程序设计及调试（点动、连续运转、正反转、顺序控制、丫-△启动、循环彩灯、天塔之光和十字路口交通灯控制）。

（3）能够应用步进指令编写 PLC 典型控制电路的程序（点动、连续运转、正反转、顺序控制、丫-△启动、循环彩灯、天塔之光、十字路口交通灯）。

（4）能正确应用常用电工工具和仪器仪表，会查阅相关电工手册及行业标准。

三、素质目标

（1）结合生产生活实际，了解 PLC 技术的认知方法，培养学习兴趣，形成正确的学习方法，有一定的自主学习能力。

（2）通过实训室技能实训培养学生良好的操作规范，养成安全操作的职业素养。

（3）通过参加实践活动，培养运用 PLC 技术知识和工程应用方法解决生产生活中相关实际 PLC 问题的能力，初步具备 PLC 系统安装、控制、调试及维修的基本职业能力。

（4）培养学生安全生产、节能环保和产品质量等职业意识，养成良好的工作习惯、工作作风和职业道德。

（5）培养学生具有电子行业的职业规范、质量第一的意识、安全生产和分工协作的团队意识及严谨细致的工作作风。

技术规范及考核

一、技能规范

（1）遵守电气设备安全操作规范和文明生产要求，安全用电，防火，防止出现人身、设备事故。

（2）正确穿着佩戴个人防护用品，包括工作服、工作鞋、各类手套等。

（3）正确使用电工工具与设备，工具摆放整齐。

（4）根据 PLC 控制线路，按电气工艺路线进行安装与调试，防止出现电气元器件损坏。

（5）考核过程中应保持设备及工作台的清洁，保证工作场地整洁。严格按照实训室 6S 标准规范操作。

二、技能标准

序号	作业内容	操作标准
1	安全防护	1. 正确穿着佩戴个人防护用品，包括工作服、工作鞋、工作帽等； 2. 正确选择常用的电工工具
2	编程软件的基本使用	1. 能够创建 PLC 新工程； 2. 熟练完成梯形图的输入，实现梯形图的转换； 3. 能够正确完成 PLC 程序的保存； 4. 能够正确进行 PLC 程序的传输
3	PLC 硬件	1. 了解 FX$_{2N}$ 系列 PLC 内部系统配置，分清 X、Y、M、S、T、C、K、H 八种软元件； 2. 能够正确完成 FX$_{2N}$ 系列 PLC 的输入和输出接线； 3. 掌握电气控制线路布线和接线的规范
4	PLC 编程	1. 掌握常用的 14 条基本指令（LD、LDI、AND、ANI、ANB、OR、ORI、ORB、SET、RST、PLS、PLF、END、OUT）的使用； 2. 掌握步进指令 STL、RET 的使用； 3. 掌握 PLC 典型控制要求的工作原理（点动、连续运转、正反转、顺序控制、Y-△启动），按照工艺要求进行 FX$_{2N}$ 系列 PLC 典型控制线路的安装、接线、程序设计及调试； 4. 能够完成循环彩灯、天塔之光、十字路口交通灯的步进指令控制程序设计，按照工艺要求进行 FX$_{2N}$ 系列 PLC 典型控制线路的安装、接线、程序设计及调试

三、技能样题

PLC 中技能考核样题

一、考核内容

（一）安全文明生产

（1）熟知实习场地的规章制度及安全文明要求。

（2）严禁不经过监考员允许带电操作，确保人身安全。

（3）不带电操作，安全无事故，保持现场环境整洁。

（二）编程软件的基本使用

（1）能够创建 PLC 新工程。

（2）熟练完成梯形图的输入，实现梯形图的转换。

（3）能够正确完成 PLC 程序的保存。

（4）能够正确进行 PLC 程序的传输。

（三）PLC 硬件

（1）了解 FX$_{2N}$ 系列 PLC 内部系统配置，重点掌握 X、Y、M、S、K、H 六种软元件。

（2）能够正确完成 FX_{2N} 系列 PLC 的输入和输出接线。

（3）掌握电气控制线路布线和接线的规范。

（四）PLC 编程

（1）掌握电动机点动、连续运转、正反转、顺序控制、丫-△启动的基本要求。

（2）了解电动机点动、连续运转、正反转、顺序控制、丫-△启动的电路原理图。

（3）会依据电动机点动、连续运转、正反转、顺序控制、丫-△启动电路设计 PLC 接线图。

（4）学会使用 PLC 的编程软件。

（5）能够完成循环彩灯、天塔之光的步进指令控制程序设计。

（6）会安装 PLC 控制的电动机点动电路、连续运转电路、正反转电路、顺序控制电路、丫-△启动电路、循环彩灯电路、天塔之光电路。能够进行简单的故障检测和 PLC 程序调试。

（7）能使用常用的 14 条基本指令，利用 X、Y、M、S、T、C、K、H 八种软元件进行简单的程序编写。

（8）能使用步进指令 STL、RET，利用 X、Y、M、S、T、C、K、H 八种软元件进行简单的程序编写。

（9）符合安全文明生产操作要求。

二、考核试题

1. 点动电路

（1）根据点动电路原理图，完成 PLC 控制线路的安装、接线、程序设计与调试。

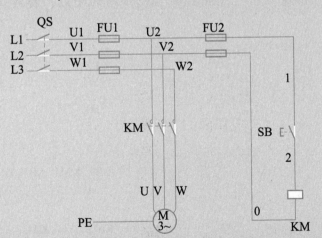

（2）在花园中要安装一个小型喷泉，水泵是一台小功率的三相异步电动机，要求按下启动按钮，喷泉喷涌；松开按钮，喷泉停止喷水。完成 PLC 控制线路的安装、接线、程序设计与调试。

（3）每按动按钮一次，电动机作星形连接运转一次。完成 PLC 控制线路的安装、接线、程序设计与调试。

2. 连续运转电路

（1）根据连续运转电路原理图，完成 PLC 控制线路的安装、接线、程序设计与调试。

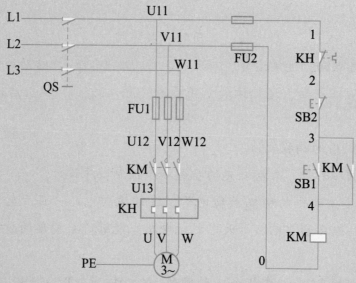

（2）在花园中要安装一个小型喷泉，水泵是一台小功率的三相异步电动机，要求按下启动按钮，喷泉喷涌而且一直喷涌；按下停止按钮，喷泉停止喷水。完成 PLC 控制线路的安装、接线、程序设计与调试。

（3）按启动按钮，电动机启动，并单方向连续运行；当按下停止按钮时电动机停止运转；如果电动机连续运行过程中发生长时间过载现象或严重过载现象，则自动停止运行，进行检修。完成 PLC 控制线路的安装、接线、程序设计与调试。

3. 正反转电路

（1）根据正反转电路原理图，完成 PLC 控制线路的安装、接线、程序设计与调试。

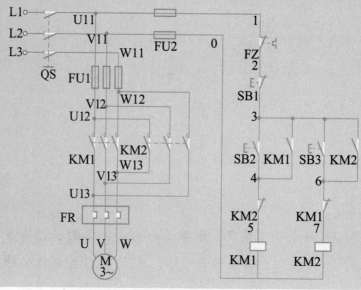

（2）按下正转启动按钮 SB1，KM1 得电，电动机正转连续运行；按下反转启动按钮 SB2，KM2 得电，电动机反转连续运行；按下停止按钮 SB3，电动机停止运行。完成 PLC 控制线路的安装、接线、程序设计与调试。

（3）设计自动门电路，要求：按下开门按钮 SB1，KM1 得电，大门处于开门状态；按下关门按钮 SB2，KM2 得电，大门处于关门状态；按下停止按钮 SB3，大门处于停止状态。完成 PLC 控制线路的安装、接线、程序设计与调试。

4．顺序控制电路

（1）根据顺序控制电路原理图，完成 PLC 控制线路的安装、接线、程序设计与调试。

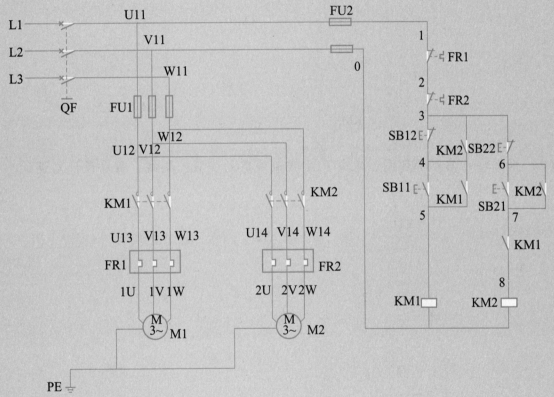

（2）两级传送带系统由传动电机 M1、M2 构成，启动时，M1 工作之后 M2 才可以工作；停止时，M2 先停止 M1 后停止。完成 PLC 控制线路的安装、接线、程序设计与调试。

（3）现有两台小功率的电动机，均采用直接启动控制方式，要求实现当 1 号电动机启动后，2 号电动机才允许启动，停止时各自独立停止。请完成 PLC 控制线路的安装、接线、程序设计与调试。

5．Y-△降压启动控制电路

（1）根据 Y-△启动原理图，完成 PLC 控制线路的安装、接线、程序设计与调试。

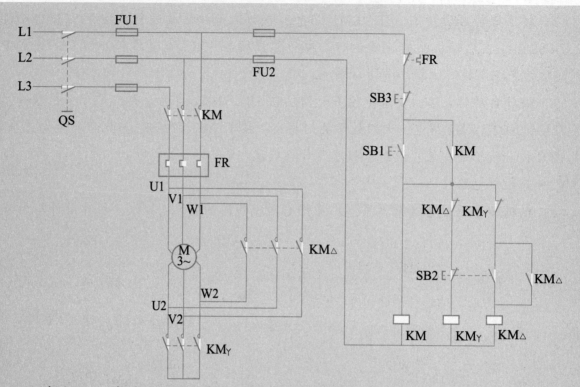

（2）根据丫-△启动原理图，完成 PLC 控制线路的安装、接线、程序设计与调试。

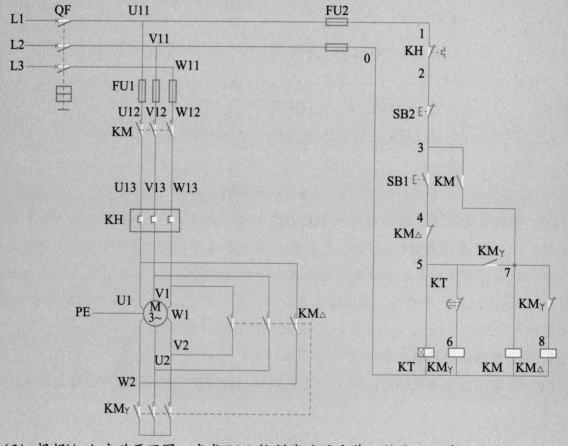

（3）根据丫-△启动原理图，完成 PLC 控制线路的安装、接线、程序设计与调试。

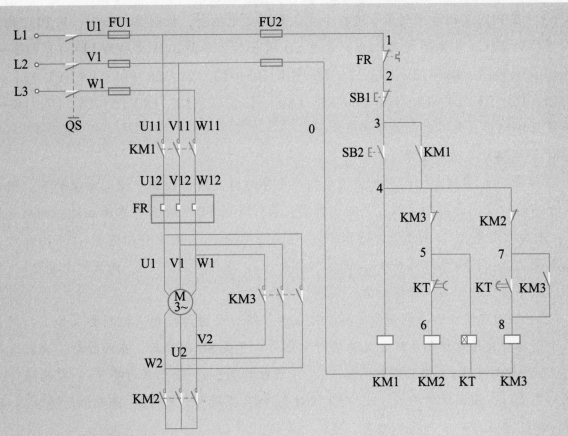

6. 循环彩灯电路

（1）在 PLC 实训台上利用步进指令完成循环彩灯控制，控制要求如下：用 PLC 构成循环彩灯控制系统，具体运行变化为：按下左循环按钮 SB0，一盏彩灯由右向左，自动循环，时间间隔为 1 s。按下停止按钮 SB3 后，循环结束，彩灯全部熄灭。

（2）在 PLC 实训台上利用步进指令完成循环彩灯控制，控制要求如下：用 PLC 构成循环彩灯控制系统，具体运行变化为：按下右循环按钮 SB1，一盏彩灯由左向右，自动循环，时间间隔为 2 s。按下停止按钮 SB3 后，循环结束，彩灯全部熄灭。

（3）在 PLC 实训台上利用步进指令完成循环彩灯控制，控制要求如下：用 PLC 构成循环彩灯控制系统，具体运行变化为：按下中间循环按钮 SB1，两盏彩灯同时由两边向中间走，自动循环，时间间隔为 2 s。按下停止按钮 SB3 后，彩灯全部熄灭。

7. 天塔之光电路

（1）在 PLC 实训台上利用步进指令完成天塔之光控制，控制要求如下：用 PLC 构成灯光闪烁控制系统，具体运行变化为：开关 SD 闭合后，L1 亮，1 s 后 L2 亮，1 s 后 L3 亮，1 s 后 L4、L5、L6、L7、L8 亮……1 s 后由 L1 开始循环。按下停止按钮后，循环结束，天塔之光停止。

（2）在 PLC 实训台上利用步进指令完成天塔之光控制，控制要求如下：用 PLC 构成灯光闪烁控制系统，具体运行变化为：开关 SD 闭合后，L1 亮，1 s 后 L2、L3、L4 亮，2 s 后 L5、L6、L7、L8 亮……1 s 后由 L1 开始循环。按下停止按钮后，循环结束，天塔之光停止。

（3）在 PLC 实训台上利用步进指令完成天塔之光控制，控制要求如下：用 PLC 构成灯光闪烁控制系统，具体运行变化为：开关 SD 闭合后，各灯工作次序为 L1→L1、L2→L1、L3→L1、L4→L1、L8→L1、L7→L1、L6→L1、L5→L1、L2、L8→L1、L3、L7→L1、L4、L6→L1、L2、L3、L4→L1、L5、L6、L7、L8、→L1、L2、L3、L4、L5、L6、L7、L8→L1。按下停止按钮后，天塔之光立即停止。

8. 十字路口交通灯电路

（1）在 PLC 实训台上利用步进指令完成十字路口交通灯控制，控制要求如下：用 PLC 构成十字路口交通灯控制系统，具体运行变化为：开关 SD 闭合后，东西红灯、南北绿灯亮 25 s；东西红灯亮 3 s，南北绿灯闪烁 3 s；东西红灯亮 2 s，南北黄灯亮 2 s；东西绿灯、南北红灯亮 25 s；东西绿灯闪烁 3 s，南北红灯亮 3 s；东西黄灯亮 2 s，南北红灯亮 2 s；往复循环。按下停止按钮后，循环结束，交通灯停止。

（2）在 PLC 实训台上利用步进指令完成十字路口交通灯控制，控制要求如下：用 PLC 构成十字路口交通灯控制系统，具体运行变化为：开关 SD 闭合后，东西红灯、南北绿灯亮 30 s；东西红灯亮 3 s，南北绿灯闪烁 3 s；东西红灯亮 3 s，南北黄灯亮 3 s；东西绿灯、南北红灯亮 20 s；东西绿灯闪烁 3 s，南北红灯亮 3 s；东西黄灯亮 3 s，南北红灯亮 3 s；往复循环。按下停止按钮后，循环结束，交通灯停止。

（3）在 PLC 实训台上利用步进指令完成十字路口交通灯控制，控制要求如下：用 PLC 构成十字路口交通灯控制系统，具体运行变化为：开关 SD 闭合后，东西红灯、南北绿灯亮 30 s；东西红灯亮 2 s，南北绿灯闪烁 2 s；东西红灯闪烁 2 s，南北黄灯亮 2 s；东西绿灯、南北红灯亮 20 s；东西绿灯闪烁 3 s，南北红灯亮 3 s；东西黄灯亮 3 s，南北红灯闪烁 3 s；往复循环。按下停止按钮后，循环结束，交通灯停止。

三、考场准备

考核在 PLC 编程实训室完成。实训室准备：

（1）天煌 PLC 实训台。

（2）计算机（计算机安装 GX 编程软件）。

四、考核说明及评判标准

（一）考核说明

考核时从八套试题中进行抽取，分两步操作。

第一步，在 1~5 中任选两套题，6~8 中任选一套题，共三套题。

第二步，在选出的三套题中各自抽取一道题，共三道题组成中级技能测试题进行测试。

学生依据中级技能测试题的要求，熟练使用天煌 PLC 实训台完成电气控制电路的 PLC 控制，具体内容包括：按照电路图或控制要求完成电路的 I/O 分配和接线图的设计；完成电路的安装与接线；完成 PLC 程序设计与调试等。

（二）评判标准

1. 素质考核配分、评分标准（20分）

评价项目	评价内容	配分	评价标准	得分
知识应用能力	PLC 知识应用	5	态度端正，理论联系实际	
思维拓展能力	拓展学习的表现与应用	5	积极地拓展学习并能正确应用	
安全文明操作	不带电操作，安全无事故，保持现场环境整洁	10	不带电操作，安全无事故，保持现场环境整洁，不干扰评分，不损坏设备	
合计			教师签字 　　　　年　　月　　日	

2. PLC 技能操作过程配分、评分标准（80分）

序号	主要内容	考核要求	评分标准	配分	扣分	得分
1	PLC 输入/输出接线	1. 按题目的要求，正确选用电气元器件，并完成接线； 2. 电源接线、输入接线、输出接线正确无误； 3. 布线要求美观、紧固	1. 布线错误，电源接线、输入接线、输出接线，每根扣 2 分； 2. 布线不美观，电源接线、输入接线、输出接线，每根扣 0.5 分	25		
2	程序编写与调试	1. PLC 控制程序编写准确； 2. 能够实现启动、停止； 3. 能够实现基本控制要求； 4. 程序编写完成后准确下载到 PLC 中； 5. 程序调试方法准确，符合规范	1. PLC 控制程序编写不当，每处错误扣 5 分； 2. 不能够实现启动、停止，每个扣 5 分； 3. 不能够实现基本控制要求，扣 20 分； 4. 程序编写完成后不能准确下载到 PLC 中，扣 10 分； 5. 程序调试运行不符合规范，每处扣 5 分	40		
3	程序运行	在保证人身和设备安全的前提下，一次成功	一次运行不成功扣 5 分；两次运行不成功扣 10 分；三次运行不成功扣 15 分	15		
			合计			
备注			教师 签字 　　　　年　　月　　日			

知识单元 **PLC 的步进指令**

知识导图

知识单元 PLC 的步进指令，提供下图所示层次体系结构的知识内容。

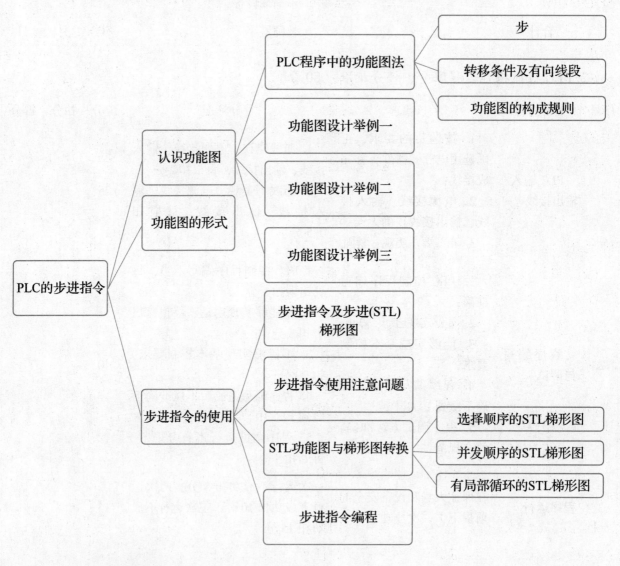

一、认识功能图

（一）PLC 程序设计中的功能图法

在工业控制中，除了过程控制系统外，大部分的控制系统属于顺序控制系统。一个顺序控制系统的程序设计流程：首先要根据系统的控制要求，设计功能图；再将功能图转换成梯形图，我们称之为步进梯形图或 STL 梯形图。

功能图是一种用于描述顺序控制系统的图形说明语言。功能图构成三要素为：步、转移条件及有向线段。

1. 步

功能图中的"步"是控制过程中的一个特定状态。步分为初始步和工作步。

初始步：表示一个控制系统的初始状态，一个控制系统必须有一个初始步。初始步可以没有具体要完成的动作。功能图中，初始步用双线框表示，状态器选用 S0～S9，一般选择 S0。

工作步：在系统开始工作后的每一个工作状态对应一个步，每个工作步要完成一个或多个特定的动作。功能图中，工作步用单线框表示，状态器编号一般从 S20 开始。

2. 转移条件及有向线段

步与步之间用"有向线段"连接，在有向线段上用一个或多个小短线表示一个或多个转移条件。当条件得以满足时，可以实现由前一步"转移"到下一步的控制（由完成前一步的动作，转移到执行下一步的动作）。转换条件可以是外部输入信号，如按钮、指令开关、限位开关的通/断等，也可以是程序运行中产生的信号，如定时器、计数器常开触点的接通等，转换条件还可能是若干个信号的逻辑运算的组合。

3. 功能图的构成规则

（1）绘制功能图时，要根据控制系统的具体要求，将控制系统按照工作顺序分为若干步，并确定其相应的动作。

（2）步与步之间用有向线段连接。当系统的控制顺序是从上向下时，可以不标注箭头；从下向上时，必须标注箭头。

（3）找出步与步之间的转移条件。

（4）确定初始步，用双线框表示，代表控制的开始。

（5）系统结束时一般是返回到初始状态。

（6）初始状态的激活常借用初始化脉冲继电器 M8002。

（二）功能图设计举例一

一个三步循环步进的顺序功能图如图 3-0-1 所示。图中的每个方框代表一个状态步，如图中 1、2、3 分别代表程序的三个状态步，这三个状态步可用顺序控制状态继电器 S0、S20、S21 表示，程序执行的任何瞬间，只能有一个步状态激活（位状态为 1），其余均为 0。如执行第一步时，S0 = 1，而 S20、S21 全为 0。当转换条件满足时，程序将激活下一状态步，同时关闭上一状态步。

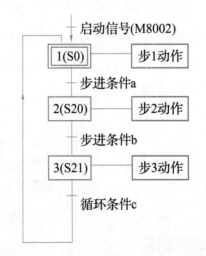

图 3-0-1　三步循环步进的顺序功能图

（三）功能图设计举例二

某组合机床液压动力滑台的自动工作过程示意图如图 3-0-2（a）所示，它分为原位、快进、工进和快退 4 步。每一步所要完成的动作如图 3-0-2（b）所示。SQ1、SQ2、SQ3 为限位开关；Y1、Y2、Y3 为液压电磁阀；KP1 为压力继电器，当滑台运动到终点时，KP1 动作。

液压动力滑台自动循环的功能图如图 3-0-2（c）所示。

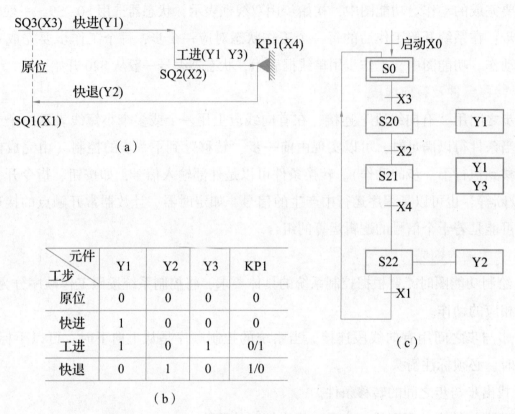

工步 \ 元件	Y1	Y2	Y3	KP1
原位	0	0	0	0
快进	1	0	0	0
工进	1	0	1	0/1
快退	0	1	0	1/0

（b）

图 3-0-2　液压动力滑台控制举例

（a）自动工作过程；（b）每步所完成的动作；（c）自动循环功能图

（四）功能图设计举例三

如图 3-0-3 所示为某小车送料工作示意图。小车可以在 A、B 两地之间正向启动（前进）和反向启动（后退），在 A、B 两处分别装有后限位开关和前限位开关。小车在 B 处停车，延时 10 s 后返回。

图 3-0-3　某小车送料工作示意图

控制要求：

（1）在初始状态下，按下前进启动按钮，小车由初始状态前进。

（2）当小车前进至前限位时，前限位开关闭合，小车暂停；延时 10 s 后，小车后退。

（3）小车后退至后退限位时，后限位开关闭合，小车又开始前进，如此循环工作下去。

功能图设计：

小车送料的工作循环过程分为前进、延时和后退三个工步，其相应的功能图如图 3-0-4 所示。

想一想：在前面所述控制要求中再补充三条，你能设计对应的功能图吗？①小车在前进步时，如果按下停止按钮，则小车回到初始状态；②在初始状态时，如果按下后退按钮，则小车由初始状态直接到后退状态，然后按照后退—前进—延时—后退—……的顺序执行；③小车在后退时，如果按下停止按钮，则转移到初始状态，后退步停止。

图 3-0-4 功能图设计

二、功能图的形式

功能图可以分为单一顺序、选择顺序、并发顺序 3 种形式，如图 3-0-5 所示。

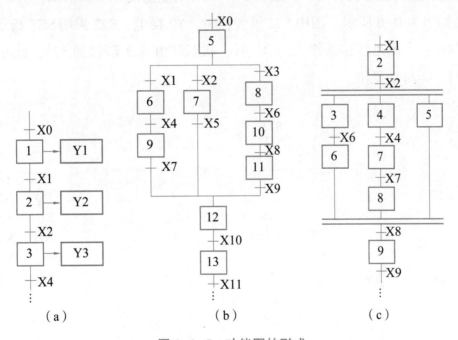

图 3-0-5 功能图的形式

（a）单一顺序；（b）选择顺序；（c）并发顺序

（1）单一顺序。如图 3-0-5（a）所示，单一顺序所表示的动作顺序是一个接着一个完成。每步连接着转移，转移后面也仅连接一个步。

（2）选择顺序。如图 3-0-5（b）所示，选择顺序用单水平线表示。选择顺序是指在一步之后有若干个单一顺序等待选择，而一次仅能选择一个单一顺序。为了保证一次仅选择一个顺序，即选择的优先权，必须对各个转移条件加以约束。选择顺序的转移条件应标注在单水平线以内。

（3）并发顺序。如图 3-0-5（c）所示，并发顺序用双水平线表示。双水平线表示若干个顺序同时开始和结束。并发顺序是指在某一转移条件下，同时启动若干个顺序，完成各自相应的动作后，同时转移到并行结束的下一步。并发顺序的转移条件应标注在两个双水平线以外。

三、步进指令的使用

（一）步进指令及步进（STL）梯形图

FX 系列 PLC 有两条步进指令 STL 和 RET。采用步进指令进行编程，不仅可以大大简化 PLC 程序设计的过程，降低编程的出错率，还可以提高系统控制的及时性。

STL——步进开始指令。用于状态器 S 的动合触点与母线的连接。FX$_{2N}$ 系列 PLC 状态器的编号为 S0~S899，共 900 点。状态器 S 只有动合触点的形式，梯形图中用双线或单线中加入 STL 表示其动合触点，在 SET 指令作用下状态器 S 被置位，其动合触点闭合。

RET——步进指令结束指令。

采用步进指令进行程序设计时，其对应的是 STL 功能图及 STL 梯形图。STL 梯形图的形式和指令的用法如图 3-0-6 所示。图中 S22 被置位时，Y2 得电，S22 采用 SET 指令置位，Y2 采用 OUT 指令驱动；当满足转移条件 X2 = ON 时，状态就由 S22 转移到 S23，此时 S23 被置位，执行 Y3，同时 S22 自动复位。

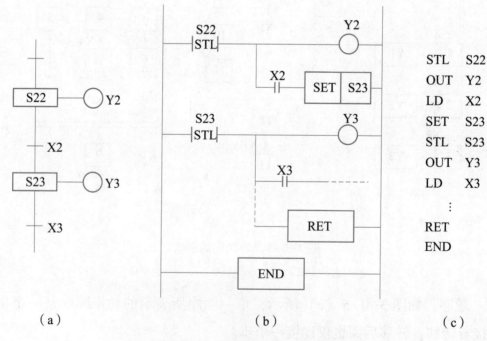

图 3-0-6　STL 梯形图的形式和指令用法

（a）STL 功能图；（b）STL 梯形图；（c）指令语句

（二）步进指令使用注意问题

（1）步状态器被 SET 指令置位后，其 STL 触点闭合，相应的步对应电路就可以执行；在

STL 触点断开时，与此相连接的电路停止执行。

（2）STL 触点由接通转为断开，要执行一个扫描周期。

（3）STL 步进指令仅对状态器 S 有效，但状态器在不使用步进指令时也可以作为一般的辅助继电器使用，在梯形图中其触点采用单线触点形式。

（4）STL 和 RET 要求配合使用。在一系列步进指令 STL 后，加上 RET 指令，表明步进功能结束。

（5）步进梯形图中，当后一步被激活时，前一步会自动复位（在下一个扫描周期时执行复位结果）。因此在 STL 触点的电路中允许双线圈输出。

（6）在同一个程序中对同一个状态器只能使用一次，说明控制过程中同一状态只能出现一次。

（7）在时间顺序步进控制电路中只有不是相邻步进工序，同一个定时器可在多个步进工序中使用，从而节约定时器的使用个数。

（三）STL 功能图与梯形图转换

采用步进指令设计程序，首先要编制系统功能图，然后再将功能图转换成梯形图，最后写出相应的指令语句。

某系统的顺序控制程序设计步骤如图 3-0-7 所示。

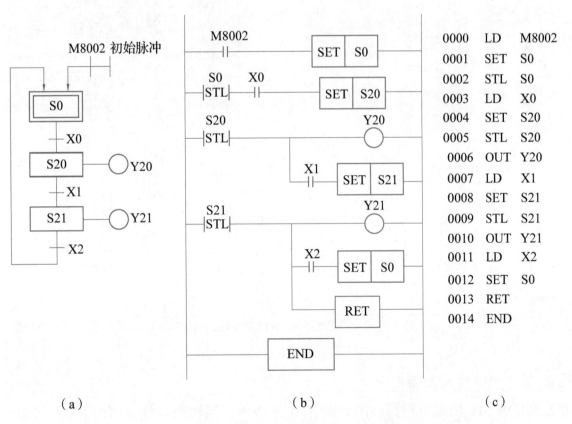

图 3-0-7　某系统的顺序控制程序设计步骤

（a）STL 功能图；（b）STL 梯形图；（c）指令语句

在将功能图转换成梯形图时，要注意初始步的进入条件。初始步一般由系统的结束步控制进入，以实现顺序控制系统连续循环动作的要求。

但在 PLC 初次上电时，必须采用其他方法预先驱动初始步，使之处于工作状态。在图中采用 M8002 实现初始步 S0 的置位。

典型 STL 功能图与梯形图的转换有如下几种。

1. 选择顺序的 STL 梯形图

选择顺序的 STL 功能图和梯形图如图 3-0-8 所示。图中 X1 和 X2 为选择转换条件，当 X1 闭合时，S21 状态转向 S22；当 X2 闭合时，S21 状态转向 S24，但 X1 和 X2 不能同时闭合。

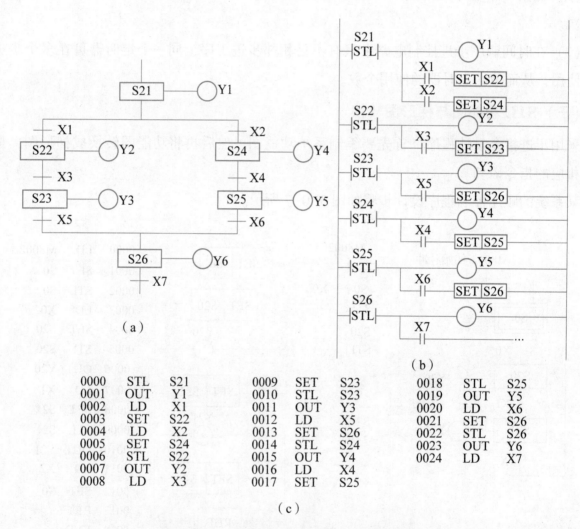

图 3-0-8 选择顺序的 STL 功能图和梯形图

(a) 功能图；(b) 梯形图；(c) 指令语句

2. 并发顺序的 STL 梯形图

并发顺序的 STL 功能图和梯形图如图 3-0-9 所示。当转换条件 X1 闭合时，状态同时转换，S22 和 S24 同时置位，两个分支同时执行各自的步进流程，S21 自动复位。X2 闭合时，状态从 S22 转向 S23，S22 自动复位。当 X3 闭合时，状态从 S24 转向 S25，S24 自动复位。在

S23 和 S25 置位后，若 X4 闭合，则 S26 置位，而 S23 和 S25 同时自动复位。连续使用 STL 指令次数不能超过 8 次，即并联分支最多不能超过 8 个。

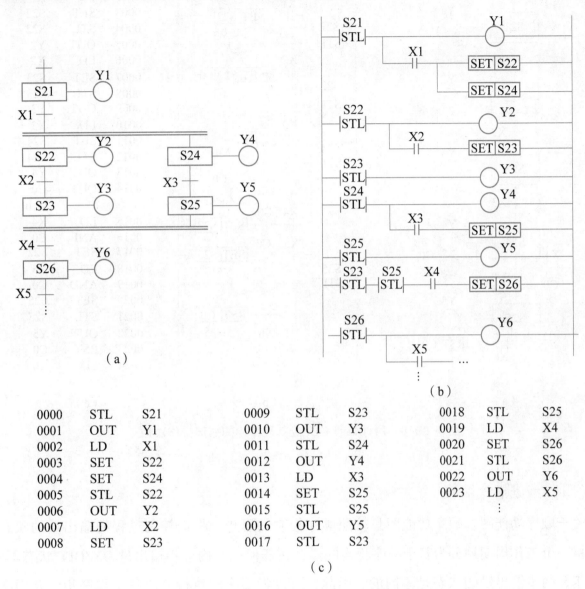

图 3-0-9　并发顺序的 STL 功能图和梯形图

（a）功能图；（b）梯形图；（c）指令语句

3. 跳转循环的 STL 梯形图

如图 3-0-10 所示的 STL 梯形图，是用计数器 C0 来控制程序中跳转循环操作次数。

在状态器 S24 置位后，驱动 Y4 且 C0 计数器计数一次，当 C0 未计满 5 次且 X4 闭合时，S24 状态循环到 S22，执行跳转循环程序；

此局部循环执行 5 次后，C0 动作，即 C0 的动断触点断开，停止执行跳转循环程序；同时因 C0 的动合触点闭合，若 X5 也闭合，则 S25 被置位，驱动 Y5，同时给 C0 复位。

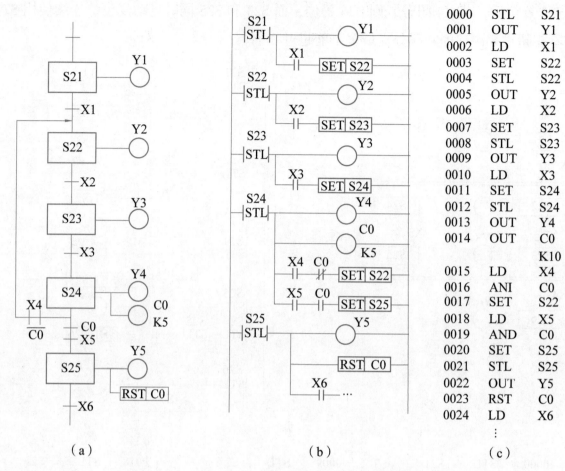

图 3-0-10　用计数器 C10 控制程序中的循环操作次数

(a) STL 功能图；(b) STL 梯形图；(c) 指令语句

（四）步进指令编程

关于顺序功能图：顺序功能图是按照顺序控制的思想，根据控制过程的输出量的状态变化，将一个工作周期划分为若干顺序相连的步，在任何一步内，各输出量 ON/OFF 状态不变，但是相邻两步输出量的状态是不同的。因此，可以将程序的执行分成各个程序步，并用状态器的位 S 代表程序的状态步。

关于转移条件：使系统由当前步进入下一步的信号称为转移条件，又称步进条件。转移条件可以是外部的输入信号，如按钮、指令开关、限位开关的通/断等，也可以是程序运行中产生的信号，如定时器、计数器的常开触点的接通等，转移条件还可能是若干个信号的逻辑运算的组合。

下面以红绿灯循环点亮控制为例进行介绍。

控制要求：按下启动按钮，红灯点亮 1 s 后熄灭，同时绿灯点亮；绿灯点亮 1 s 后熄灭，再点亮红灯，不断循环直至按下停止按钮。

任务分析：根据控制要求，可将任务分为三段，一是红灯控制，二是绿灯控制，三是启动停止控制。红绿灯点亮控制段为典型的顺序控制继电器程序，启停控制段主要解决启动时如何启动第一工作步及停止时如何保证两灯不再有显示的问题。

绘制顺序功能图如图 3-0-11（a）所示。绘制对应 STL 梯形图如图 3-0-11（b）所示。

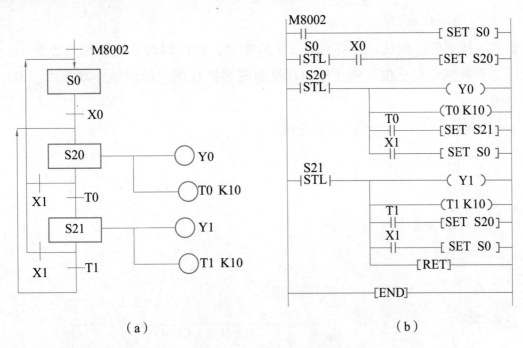

（a）　　　　　　　　　　　　　（b）

图 3-0-11　红绿灯的顺序控制功能图和 STL 梯形图

（a）功能图；（b）STL 梯形图

任务一　循环彩灯程序设计与调试

资源准备

PLC 实训室中准备以下实训设备、材料：

（1）实训设备：天煌 THPFSL-1/2 可编程控制器实训台。

（2）计算机、GX 编程软件。

接受工作任务

一名技术工人正在对霓虹灯系统进行设计，设备使用了三菱 PLC。根据设备安装要求，需要三个控制按钮：左循环按钮 SB0、右循环按钮 SB2 和中间循环按钮 SB1，按下左循环按钮控制彩灯由左至右依次自动循环；按下右循环按钮控制彩灯由右至左依次自动循环；按下中间循环按钮控制彩灯由中间至两侧依次自动循环。如果你是技术工人，应该如何设计循环彩灯系统？

收集信息

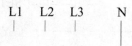

1. 红绿灯循环点亮控制

控制要求：按下启动按钮，红灯点亮 1 s 后熄灭，同时绿灯点亮；绿灯点亮 1 s 后熄灭，再点亮红灯，不断循环直至按下停止按钮。绘制安装接线图，绘制顺序功能图，画出 STL 梯形图并写出指令。

（1）绘制安装接线图，如图 3-1-1 所示。

```
L1  L2  L3      N
 |   |   |      |

            FU

              L   N   COM
                 FX₃U–48MR
      COM
```

图 3-1-1　安装接线图

（2）补画顺序功能图，如图 3-1-2 所示。

（3）补画 STL 梯形图并写出指令，如图 3-1-3 所示。

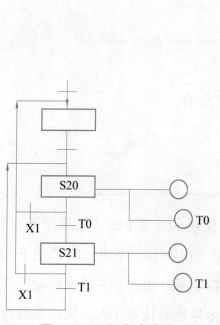

图 3-1-2　顺序功能图

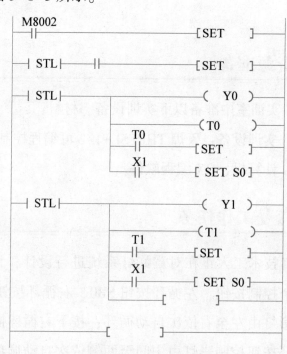

图 3-1-3　STL 梯形图

2. 红黄绿灯循环点亮控制

控制要求一：按下启动按钮，红黄绿灯依次点亮 1 s 后熄灭，不断循环直至按下停止按钮。

控制要求二：按下启动按钮，红灯点亮，1 s 后黄灯点亮，再过 1 s 后绿灯点亮，三灯同时亮 5 s 后同时熄灭。1 s 后再按以上顺序循环，直至按下停止按钮。

按以上不同要求分别设计功能图及梯形图，并上机调试。

控制要求一：

控制要求二：

查阅教材及其他资料，完成以下内容：

①实训室实训设备上电前的要求是（　　　　　　　　）。

②实训室 6S 管理规定是指：（　　）、（　　）、（　　）、（　　）、（　　）、（　　）。

③（　　）永远是我们铭记的准则。

制定任务实施方案

分组查阅教材和相关资料学习循环彩灯控制系统相关知识，能够完成循环彩灯控制系统的安装与程序调试。具体的任务实施方案为：

1. 任务分工

组别	姓名	分配的任务

2. 任务实施步骤

任务		实施步骤
循环彩灯 程序设计 与调试	步骤一	
	步骤二	

3. 异常情况处理办法

任务实施

查阅教材和相关资料，参照任务实施方案，完成"循环彩灯程序设计与调试"任务，把下列相应内容填写完整。

1. 左循环

Step1 绘制左循环的功能图、STL 梯形图

循环彩灯接线

功能图、STL 梯形图：

左循环：程序、运行

Step2 实训台完成电路的接线

接线记录：

Step3 完成 PLC 程序的输入与调试

输入与调试记录：

左循环任务完成情况汇总

Step	完成情况	收获与分析
1		
2		
3		

2. 右循环

Step1 绘制右循环的功能图、STL 梯形图

右循环：程序、运行

功能图、STL 梯形图：

Step2 实训台完成右循环电路的接线

接线记录：

Step3 完成 PLC 程序的输入与调试

输入与调试记录：

右循环任务完成情况汇总

Step	完成情况	收获与分析
1		
2		
3		

3. 中间循环

Step1 绘制中间循环的功能图、STL 梯形图

中间循环

功能图、STL 梯形图：

Step2 实训台完成中间循环电路的接线

接线记录：

Step3 完成 PLC 程序的输入与调试

输入与调试记录：

中间循环任务完成情况汇总

Step	完成情况	收获与分析
1		
2		
3		

4. 左循环、右循环、中间循环

Step1 绘制左循环、右循环、中间循环的功能图、STL 梯形图

功能图、STL 梯形图：

Step2 实训台完成左循环、右循环、中间循环电路的接线

接线记录：

Step3 完成 PLC 程序的输入与调试

输入与调试记录：

左循环、右循环、中间循环任务完成情况汇总

Step	完成情况	收获与分析
1		
2		
3		

评价总结

学习任务评价表

班级：　　　　　小组：　　　　　学号：　　　　　姓名：

	主要测评项目	学生自评			
		A	B	C	D
关键能力 总结	1. 遵守纪律，遵守学习场所管理规定，服从安排				
	2. 具有安全意识、责任意识、6S 管理意识，注重节能环保				
	3. 学习态度积极主动，能按时参加安排的实习活动				
	4. 具有团队合作意识，注重沟通，能自主学习及相互协作				
	5. 仪容仪表符合学习活动要求				
专业知识和 能力总结	1. 能够完成绘制 PLC 的 I/O 接线图				
	2. 能够编制 PLC 程序（绘制功能图、画出梯形图）				
	3. 能够完成 PLC 系统的安装接线				
	4. 能够完成 PLC 程序的写入和调试				
个人自评总结 和建议					
小组 评价					
教师 评价		总评成绩			

知识拓展

　　将项目中的三个按钮各自控制一种变化，改为利用一个按钮控制三种变化，且能自动循环。请完成主电路、控制电路、I/O 地址分配、PLC 程序，将程序下载到 PLC 中运行。

　　Step1 绘制顺序功能图、STL 梯形图

功能图、STL 梯形图：

Step2 实训台完成电路的接线

接线记录：

Step3 完成 PLC 程序的输入与调试

输入与调试记录：

知识拓展任务完成情况汇总

Step	完成情况	收获与分析
1		
2		
3		

任务二 天塔之光程序设计与调试

资源准备

PLC 实训室中准备以下实训设备、材料：

（1）实训设备：天煌 THPFSL-1/2 可编程控制器实训台。

（2）计算机、GX 编程软件。

接受工作任务

一名技术工人正在对胸山六和塔的灯光进行自动化设计，设备使用了三菱 PLC。根据设备安装要求，应该如何设计天塔之光系统？

设备安装要求：

天塔之光的运行控制要求是闭合"启动"开关，指示灯按以下规律循环显示：

（1）流水型变化 L1→L2→L3→L4→L5→L6→L7→L8。

（2）发射型变化 L1→L2、L3、L4→L5、L6、L7、L8→L1→L2、L3、L4→L5、L6、L7、L8→L1→L2、L3、L4→L5、L6、L7、L8→L1

（3）闪烁型变化 L1→L1、L2→L1、L3→L1、L4→L1、L8→L1、L7→L1、L6→L1、L5→L1、L2、L8→L1、L3、L7→L1、L4、L6→L1、L2、L3、L4→L1、L5、L6、L7、L8、→L1、L2、L3、L4、L5、L6、L7、L8→L1。

（4）以上三种变化往复循环。

（5）关闭"启动"开关，天塔之光控制系统停止运行。

收集信息

（1）分析天塔之光电路的原理，绘制天塔之光电路的接线图，如图 3-2-1 所示。

天塔之光接线

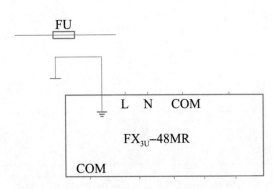

图 3-2-1 天塔之光电路接线图

（2）查阅教材及其他资料，完成以下内容：

①实训室实训设备上电前的要求是（　　　　　　　）。

②实训室 6S 管理规定是指：（　　）、（　　）、（　　）、（　　）、（　　）、（　　）。

③（　　）永远是我们铭记的准则。

制定任务实施方案

分组查阅教材和相关资料学习天塔之光控制系统相关知识，能够完成天塔之光的安装与程序调试。具体的任务实施方案为：

1. 任务分工

组别	姓名	分配的任务

2. 任务实施步骤

任务	实施步骤	
天塔之光程序设计与调试	步骤一	
	步骤二	

3. 异常情况处理办法

任务实施

查阅教材和相关资料，参照任务实施方案，完成"天塔之光程序设计与调试"任务，把下列相应内容填写完整。

1. 天塔之光流水型变化

Step1 绘制天塔之光流水型变化的功能图、STL 梯形图

功能图、STL 梯形图：

流水型变化

Step2 实训台完成天塔之光流水型变化的电路接线

接线记录：

Step3 完成 PLC 程序的输入与调试

输入与调试记录：

天塔之光流水型变化任务完成情况汇总

Step	完成情况	收获与分析
1		
2		
3		

2. 天塔之光发射型变化

Step1 绘制天塔之光发射型变化的功能图、STL 梯形图

发射型变化

功能图、STL 梯形图：

Step2 实训台完成天塔之光发射型变化的电路接线

接线记录：

Step3 完成 PLC 程序的输入与调试

输入与调试记录：

天塔之光发射型变化任务完成情况汇总

Step	完成情况	收获与分析
1		
2		
3		

3. 天塔之光闪烁型变化

Step1 绘制天塔之光闪烁型变化的功能图、STL 梯形图

功能图、STL 梯形图：

闪烁型变化

Step2 实训台完成天塔之光闪烁型变化电路接线

接线记录：

Step3 完成 PLC 程序的输入与调试

输入与调试记录：

天塔之光闪烁型变化任务完成情况汇总

Step	完成情况	收获与分析
1		
2		
3		

4. 天塔之光（三种方式组合）

Step1 绘制天塔之光的功能图、STL 梯形图

功能图、STL 梯形图：

Step2 实训台完成天塔之光电路的接线

接线记录：

Step3 完成 PLC 程序的输入与调试

输入与调试记录：

天塔之光（三种方式组合）任务完成情况汇总

Step	完成情况	收获与分析
1		
2		
3		

评价总结

学习任务评价表

班级：　　　　　　小组：　　　　　　学号：　　　　　　姓名：

	主要测评项目	学生自评			
		A	B	C	D
关键能力总结	1. 遵守纪律，遵守学习场所管理规定，服从安排				
	2. 具有安全意识、责任意识、6S 管理意识，注重节能环保				
	3. 学习态度积极主动，能按时参加安排的实习活动				
	4. 具有团队合作意识，注重沟通，能自主学习及相互协作				
	5. 仪容仪表符合学习活动要求				
专业知识和能力总结	1. 能够完成绘制 PLC 的 I/O 接线图				
	2. 能够编制 PLC 程序（绘制功能图、画出梯形图）				
	3. 能够完成 PLC 系统的安装接线				
	4. 能够完成 PLC 程序的写入和调试				
个人自评总结和建议					
小组评价					
教师评价		总评成绩			

知识拓展

　　将项目中的开关式启停改为按钮式启停。请完成主电路、控制电路、I/O 地址分配、PLC 程序，将程序下载到 PLC 中运行。

　　Step1 绘制按钮式启停的天塔之光顺序功能图、STL 梯形图

按钮式接线

功能图、STL 梯形图：

Step2 实训台完成电路的接线

接线记录：

Step3 完成 PLC 程序的输入与调试

输入与调试记录：

知识拓展任务完成情况汇总

Step	完成情况	收获与分析
1		
2		
3		

任务三 十字路口交通灯程序设计与调试

资源准备

PLC 实训室中准备以下实训设备、材料：

（1）实训设备：天煌 THPFSL-1/2 可编程控制器实训台。

（2）计算机、GX 编程软件。

接受工作任务

一名技术工人正在对十字路口的交通灯系统进行自动化设计，设备使用了三菱 PLC。根据设备安装要求，应该如何设计交通灯系统？

任务要求设计如图 3-3-1 所示。

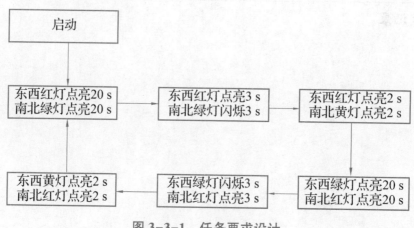

图 3-3-1 任务要求设计

收集信息

（1）分析功能图的不同形式并标注，如图 3-3-2 所示。

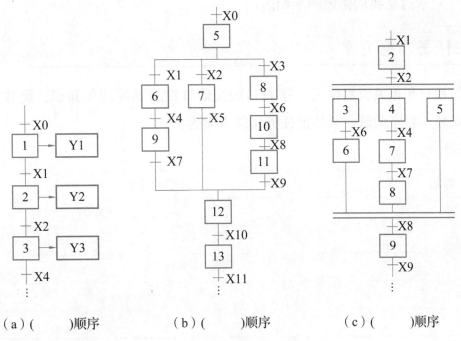

（a）（ ）顺序 （b）（ ）顺序 （c）（ ）顺序

图 3-3-2 功能图的不同形式

（2）十字路口的交通灯系统应该采用（ ）顺序的功能图进行设计，为什么？

原因：

（3）PLC 中 M8012 为（ ）时钟脉冲发生器，M8011 为（ ）时钟发生器，M8013 为（ ）时钟脉冲发生器。把下列程序输入实训台并观察运行结果，从中你发现了什么？

结论：

（4）查阅教材及其他资料，完成以下内容：

①实训室实训设备上电前的要求是（　　　　　　　　　　）。

②实训室 6S 管理规定是指：（　　　）、（　　　）、（　　　）、（　　　）、（　　　）、（　　　）。

③（　　　）永远是我们铭记的准则。

制定任务实施方案

分组查阅教材和相关资料学习十字路口的交通灯控制系统相关知识，能够完成十字路口的交通灯的安装与程序调试。具体的任务实施方案为：

1. 任务分工

组别	姓名	分配的任务

2. 任务实施步骤

任务	实施步骤	
十字路口交通灯程序设计与调试	步骤一	
	步骤二	

3. 异常情况处理办法

任务实施

查阅教材和相关资料，参照任务实施方案，完成"十字路口交通灯程序设计与调试"任务，把下列相应内容填写完整。

交通灯接线

1. 交通灯控制（一）

控制要求如下：用 PLC 构成十字路口交通灯控制系统，具体运行变化为：开关 SD 闭合后，东西红灯、南北绿灯亮 25 s；东西黄灯、南北黄灯亮 3 s；东西绿灯、南北红灯亮 25 s；东西黄灯、南北黄灯亮 3 s；往复循环。按下停止按钮后，循环结束，交通灯停止。

Step1 绘制交通灯基本控制系统的功能图，转换为 STL 梯形图

功能图、STL 梯形图：

Step2 实训台完成交通灯基本控制系统的电路接线

接线记录：

Step3 完成 PLC 程序的输入与调试

输入与调试记录：

交通灯控制（一）任务完成情况汇总

Step	完成情况	收获与分析
1		
2		
3		

2. 交通灯控制（二）

控制要求如下：用 PLC 构成十字路口交通灯控制系统，具体运行变化为：开关 SD 闭合后，东西红灯、南北绿灯亮 25 s；东西红灯亮 3 s，南北绿灯闪烁 3 s；东西红灯亮 2 s，南北黄灯亮 2 s；东西绿灯、南北红灯亮 25 s；东西绿灯闪烁 3 s，南北红灯亮 3 s；东西黄灯亮 2 s，南北红灯亮 2 s；往复循环。按下停止按钮后，循环结束交通灯停止。

Step1 绘制交通灯控制系统的功能图，转换为 STL 梯形图

功能图、STL 梯形图：

Step2 实训台完成交通灯基本控制系统的电路接线

接线记录：

Step3 完成 PLC 程序的输入与调试

输入与调试记录：

交通灯控制（二）任务完成情况汇总

Step	完成情况	收获与分析
1		
2		
3		

评价总结

学习任务评价表

班级：　　　　　　小组：　　　　　　学号：　　　　　　姓名：

主要测评项目	学生自评			
	A	B	C	D
关键能力总结				
1. 遵守纪律，遵守学习场所管理规定，服从安排				
2. 具有安全意识、责任意识、6S 管理意识，注重节能环保				
3. 学习态度积极主动，能按时参加安排的实习活动				
4. 具有团队合作意识，注重沟通，能自主学习及相互协作				
5. 仪容仪表符合学习活动要求				
专业知识和能力总结				
1. 能够完成绘制 PLC 的 I/O 接线图				
2. 能够编制 PLC 程序				
3. 能够完成 PLC 系统的安装接线				
4. 能够完成 PLC 程序的写入和调试				
个人自评总结和建议				
小组评价				
教师评价	总评成绩			

知识拓展

　　将项目中的开关式启停改为按钮式启停，请完成主电路、控制电路、I/O 地址分配、PLC 程序，将程序下载到 PLC 中运行。

　　Step1 绘制按钮式启停的交通灯控制顺序功能图、STL 梯形图

按钮式接线

功能图、STL 梯形图：

Step2 实训台完成电路的接线

接线记录：

Step3 完成 PLC 程序的输入与调试

输入与调试记录：

知识拓展任务完成情况汇总

Step	完成情况	收获与分析
1		
2		
3		

PLC 功能指令程序设计入门（高级篇）

模块描述

PLC 除了具有 27 条基本指令、2 条步进指令外，为了完成一些特殊功能，还具有几百条功能指令。通过本单元的学习，可以掌握 PLC 功能指令的简单应用，对功能指令有基本的了解。

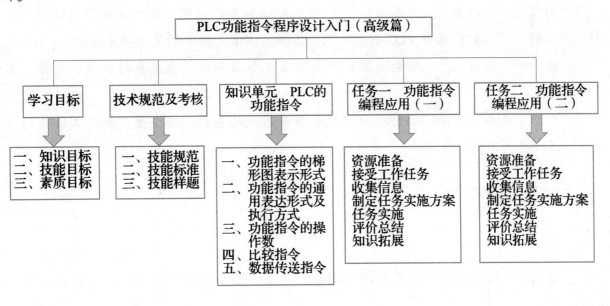

学习目标

一、知识目标

（1）了解 PLC 内部的软元件，掌握 PLC 中 X、Y、M、S、T、D 六类软元件的作用和应用。

（2）掌握常用的 14 条基本指令：LD、LDI、AND、ANI、ANB、OR、ORI、ORB、SET、

RST、PLS、PLF、END、OUT。

（3）掌握常见的 5 条功能指令组成格式及应用：MOV、BMOV、FMOV、CMP、ZCP。

（4）理解 PLC 典型控制要求的工作原理（点动、连续运转、正反转、顺序控制、Y-△启动），能够利用功能指令设计典型电路的 PLC 接线图，完成步进指令控制程序设计。

（5）理解电气控制线路布线方法和接线规范。

二、技能目标

（1）能根据实际需要选择合适的低压电器器件，并能够检测质量。

（2）能够应用功能指令编写 PLC 典型控制电路的程序（点动、连续运转、正反转、顺序控制、Y-△启动、循环彩灯、天塔之光、十字路口交通灯）。

（3）能根据电路图，按照工艺要求利用功能指令进行 FX_{2N} 系列 PLC 典型控制线路的安装、接线、程序设计及调试（点动、连续运转、正反转、顺序控制、Y-△启动）。

（4）能正确应用常用电工工具和仪器仪表，会查阅相关电工手册及行业标准。

三、素质目标

（1）结合生产生活实际，了解 PLC 技术的认知方法，培养学习兴趣，形成正确的学习方法，有一定的自主学习能力。

（2）通过实训室技能实训培养学生良好的操作规范，养成安全操作的职业素养。

（3）通过参加实践活动，培养运用 PLC 技术知识和工程应用方法解决生产生活中相关实际 PLC 问题的能力，初步具备 PLC 系统安装、控制、调试及维修的基本职业能力。

（4）培养学生安全生产、节能环保和产品质量等职业意识，养成良好的工作习惯、工作作风和职业道德。

（5）培养学生具有电子行业的职业规范、质量第一的意识、安全生产和分工协作的团队意识及严谨细致的工作作风。

技术规范及考核

一、技能规范

（1）遵守电气设备安全操作规范和文明生产要求，安全用电，防火，防止出现人身、设备事故。

（2）正确穿着佩戴个人防护用品，包括工作服、工作鞋、各类手套等。

（3）正确使用电工工具与设备，工具摆放整齐。

（4）根据 PLC 控制线路，按电气工艺路线进行安装与调试，防止出现电气元器件损坏。

（5）考核过程中应保持设备及工作台的清洁，保证工作场地整洁。严格按照实训室 6S 标准规范操作。

二、技能标准

序号	作业内容	操作标准
1	安全防护	1. 正确穿着佩戴个人防护用品，包括工作服、工作鞋、工作帽等； 2. 正确选择常用的电工工具
2	编程软件的基本使用	1. 能够创建 PLC 新工程； 2. 熟练完成梯形图的输入，实现梯形图的转换； 3. 能够正确完成 PLC 程序的保存； 4. 能够正确进行 PLC 程序的传输
3	PLC 硬件	1. 了解 FX$_{2N}$ 系列 PLC 内部系统配置，分清 X、Y、M、S、T、C、K、H 八种软元件； 2. 能够正确完成 FX$_{2N}$ 系列 PLC 的输入和输出接线； 3. 掌握电气控制线路布线和接线规范
4	PLC 编程	1. 掌握常用的 14 条基本指令（LD、LDI、AND、ANI、ANB、OR、ORI、ORB、SET、RST、PLS、PLF、END、OUT）的使用； 2. 掌握步进指令 STL、RET 的使用； 3. 了解常见的 5 条功能指令组成格式及应用：MOV、BMOV、FMOV、CMP、ZCP； 4. 掌握 PLC 典型控制要求的工作原理（点动、连续运转、正反转、顺序控制、丫-△启动），按照工艺要求进行 FX$_{2N}$ 系列 PLC 典型控制线路的安装、接线、程序设计及调试； 5. 能够完成循环彩灯、天塔之光、十字路口交通灯的步进指令控制程序设计，按照工艺要求进行 FX$_{2N}$ 系列 PLC 典型控制线路的安装、接线、程序设计及调试

三、技能样题

PLC 高技能考核样题

一、考核内容

（一）安全文明生产

（1）熟知实习场地的规章制度及安全文明要求。

（2）严禁不经过监考员允许带电操作，确保人身安全。

（3）不带电操作，安全无事故，保持现场环境整洁。

（二）编程软件的基本使用

（1）能够创建 PLC 新工程。

（2）熟练完成梯形图的输入，实现梯形图的转换。

（3）能够正确完成 PLC 程序的保存。

（4）能够正确进行 PLC 程序的传输。

（三）PLC 硬件

（1）了解 FX$_{2N}$ 系列 PLC 内部系统配置，重点掌握 X、Y、M、S、K、H 六种软元件。

（2）能够正确完成 FX$_{2N}$ 系列 PLC 的输入和输出接线。

（3）掌握电气控制线路布线和接线的规范。

（四）PLC 编程

（1）掌握电动机点动、连续运转、正反转、顺序控制、丫-△启动的基本要求。

（2）了解电动机点动、连续运转、正反转、顺序控制、丫-△启动的电路原理图。

（3）会依据电动机点动、连续运转、正反转、顺序控制、丫-△启动电路设计 PLC 接线图。

（4）学会使用 PLC 的编程软件。

（5）能够完成循环彩灯、天塔之光的步进指令控制程序设计。

（6）会安装 PLC 控制的电动机点动电路、连续运转电路、正反转电路、顺序控制电路、丫-△启动电路、循环彩灯电路、天塔之光电路。能够进行简单的故障检测和 PLC 程序调试。

（7）能使用常用的条基本指令、步进指令，利用 X、Y、M、S、T、C、K、H 八种软元件进行简单的程序编写。

（8）能使用功能，利用 X、Y、M、S、T、C、K、H 八种软元件进行简单的程序编写。

（9）符合安全文明生产操作要求。

二、考核试题

1. 点动电路

（1）根据点动电路原理图，完成 PLC 控制线路的安装、接线、程序设计与调试。

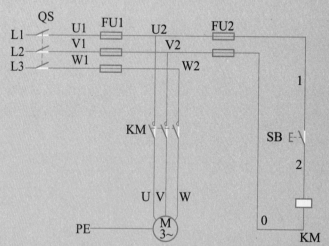

（2）在花园中要安装一个小型喷泉，水泵是一台小功率的三相异步电动机，要求按下启动按钮，喷泉喷涌；松开按钮，喷泉停止喷水。完成 PLC 控制线路的安装、接线、程序设计与调试。

（3）每按动按钮一次，电动机作星形连接运转一次。完成 PLC 控制线路的安装、接线、程序设计与调试。

2. 连续运转电路

（1）根据连续运转电路原理图，完成 PLC 控制线路的安装、接线、程序设计与调试。

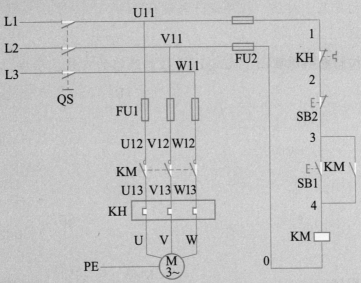

（2）在花园中要安装一个小型喷泉，水泵是一台小功率的三相异步电动机，要求按下启动按钮，喷泉喷涌而且一直喷涌；按下停止按钮，喷泉停止喷水。完成 PLC 控制线路的安装、接线、程序设计与调试。

（3）按启动按钮，电动机启动，并单方向连续运行；当按下停止按钮时电动机停止运转；如果电动机连续运行的过程中发生长时间过载现象或严重过载现象，则自动停止运行，进行检修。完成 PLC 控制线路的安装、接线、程序设计与调试。

3. 正反转电路

（1）根据正反转电路原理图，完成 PLC 控制线路的安装、接线、程序设计与调试。

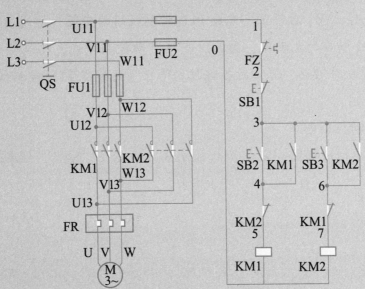

（2）按下正转启动按钮 SB1，KM1 得电，电动机正转连续运行；按下反转启动按钮 SB2，KM2 得电，电动机反转连续运行；按下停止按钮 SB3，电动机停止运行。完成 PLC 控制线路的安装、接线、程序设计与调试。

（3）设计自动门电路，要求：按下开门按钮 SB1，KM1 得电，大门处于开门状态；按下关门按钮 SB2，KM2 得电，大门处于关门状态；按下停止按钮 SB3，大门处于停止状态。完成 PLC 控制线路的安装、接线、程序设计与调试。

4. 顺序控制电路

（1）根据顺序控制电路原理图，完成 PLC 控制线路的安装、接线、程序设计与调试。

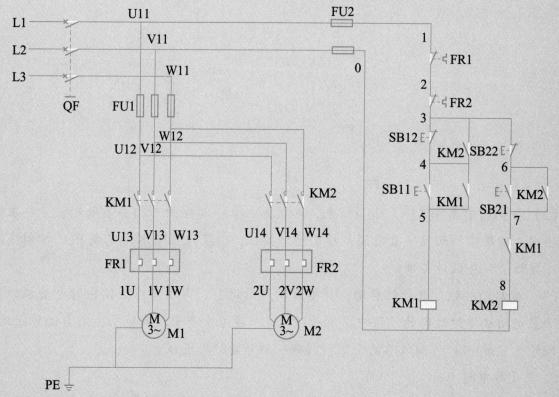

（2）两级传送带系统由传动电机 M1、M2 构成，启动时，M1 工作之后 M2 才可以工作；停止时，M2 先停止 M1 后停止。完成 PLC 控制线路的安装、接线、程序设计与调试。

（3）现有两台小功率的电动机，均采用直接启动控制方式，要求实现当 1 号电动机启动后，2 号电动机才允许启动，停止时各自独立停止。请完成 PLC 控制线路的安装、接线、程序设计与调试。

5. Y–△降压启动控制电路

（1）根据Y–△启动原理图，完成 PLC 控制线路的安装、接线、程序设计与调试。

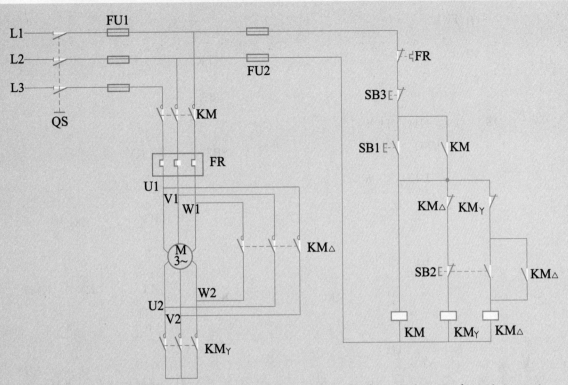

（2）根据丫-△启动原理图，完成 PLC 控制线路的安装、接线、程序设计与调试。

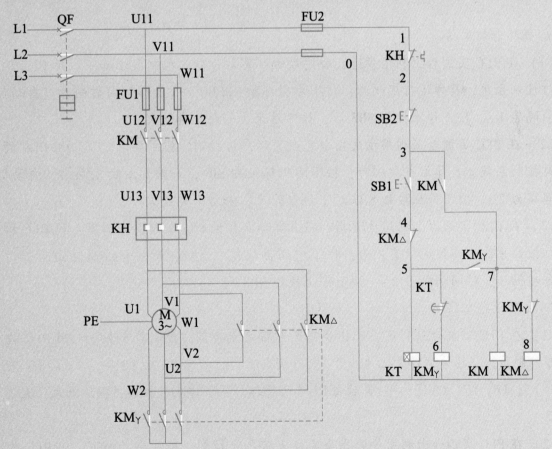

（3）根据丫-△启动原理图，完成 PLC 控制线路的安装、接线、程序设计与调试。

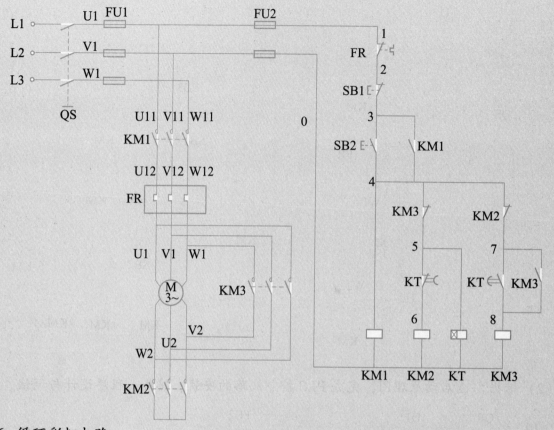

6. 循环彩灯电路

（1）在 PLC 实训台上利用步进指令完成循环彩灯控制，控制要求如下：用 PLC 构成循环彩灯控制系统，具体运行变化为：按下左循环按钮 SB0，一盏彩灯由右向左，自动循环，时间间隔为 1 s。按下停止按钮 SB3 后，循环结束，彩灯全部熄灭。

（2）在 PLC 实训台上利用步进指令完成循环彩灯控制，控制要求如下：用 PLC 构成循环彩灯控制系统，具体运行变化为：按下右循环按钮 SB1，一盏彩灯由左向右，自动循环，时间间隔为 2 s。按下停止按钮 SB3 后，循环结束，彩灯全部熄灭。

（3）在 PLC 实训台上利用步进指令完成循环彩灯控制，控制要求如下：用 PLC 构成循环彩灯控制系统，具体运行变化为：按下中间循环按钮 SB1，两盏彩灯同时由两边向中间走，自动循环，时间间隔为 2 s。按下停止按钮 SB3 后，彩灯全部熄灭。

7. 天塔之光电路

（1）在 PLC 实训台上利用步进指令完成天塔之光控制，控制要求如下：用 PLC 构成灯光闪烁控制系统，具体运行变化为：开关 SD 闭合后，L1 亮，1 s 后 L2 亮，1 s 后 L3 亮，1 s 后 L4、L5、L6、L7、L8 亮……1 s 后由 L1 开始循环。按下停止按钮后，循环结束，天塔之光停止。

（2）在 PLC 实训台上利用步进指令完成天塔之光控制，控制要求如下：用 PLC 构成灯光闪烁控制系统，具体运行变化为：开关 SD 闭合后，L1 亮，1 s 后 L2、L3、L4 亮，2 s 后 L5、L6、L7、L8 亮……1 s 后由 L1 开始循环。按下停止按钮后，循环结束，天塔之光停止。

（3）在PLC实训台上利用步进指令完成天塔之光控制，控制要求如下：用PLC构成灯光闪烁控制系统，具体运行变化为：开关SD闭合后，各灯工作次序为L1→L1、L2→L1、L3→L1、L4→L1、L8→L1、L7→L1、L6→L1、L5→L1、L2、L8→L1、L3、L7→L1、L4、L6→L1、L2、L3、L4→L1、L5、L6、L7、L8、→L1、L2、L3、L4、L5、L6、L7、L8→L1。按下停止按钮后，天塔之光立即停止。

8. 十字路口交通灯电路

（1）在PLC实训台上利用步进指令完成十字路口交通灯控制，控制要求如下：用PLC构成十字路口交通灯控制系统，具体运行变化为：开关SD闭合后，东西红灯、南北绿灯亮25 s；东西红灯亮3 s，南北绿灯闪烁3 s；东西红灯亮2 s，南北黄灯亮2 s；东西绿灯、南北红灯亮25 s；东西绿灯闪烁3 s，南北红灯亮3 s；东西黄灯亮2 s，南北红灯亮2 s；往复循环。按下停止按钮后，循环结束，交通灯停止。

（2）在PLC实训台上利用步进指令完成十字路口交通灯控制，控制要求如下：用PLC构成十字路口交通灯控制系统，具体运行变化为：开关SD闭合后，东西红灯、南北绿灯亮30 s；东西红灯亮3 s，南北绿灯闪烁3 s；东西红灯亮3 s，南北黄灯亮3 s；东西绿灯、南北红灯亮20 s；东西绿灯闪烁3 s，南北红灯亮3 s；东西黄灯亮3 s，南北红灯亮3 s；往复循环。按下停止按钮后，循环结束，交通灯停止。

（3）在PLC实训台上利用步进指令完成十字路口交通灯控制，控制要求如下：用PLC构成十字路口交通灯控制系统，具体运行变化为：开关SD闭合后，东西红灯、南北绿灯亮30 s；东西红灯亮2 s，南北绿灯闪烁2 s；东西红灯闪烁2 s，南北黄灯亮2 s；东西绿灯、南北红灯亮20 s；东西绿灯闪烁3 s，南北红灯亮3 s；东西黄灯亮3 s，南北红灯闪烁3 s；往复循环。按下停止按钮后，循环结束，交通灯停止。

9. 功能指令控制正反转电路

（1）根据正反转电路原理图，利用功能指令完成PLC控制线路的安装、接线、程序设计与调试。

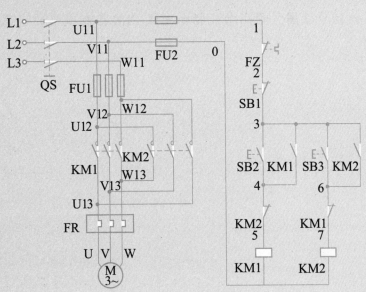

（2）按下正转启动按钮 SB1，KM1 得电，电动机正转连续运行；按下反转启动按钮 SB2，KM2 得电，电动机反转连续运行；按下停止按钮 SB3，电动机停止运行。利用功能指令完成 PLC 控制线路的安装、接线、程序设计与调试。

（3）设计自动门电路，要求：按下开门按钮 SB1，KM1 得电，大门处于开门状态；按下关门按钮 SB2，KM2 得电，大门处于关门状态；按下停止按钮 SB3，大门处于停止状态。利用功能指令完成 PLC 控制线路的安装、接线、程序设计与调试。

10. 功能指令控制Y－△电路

（1）根据Y－△启动原理图，利用功能指令完成 PLC 控制线路的安装、接线、程序设计与调试。

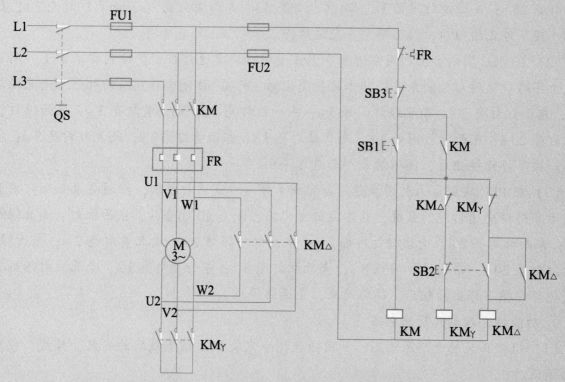

（2）根据Y－△启动原理图，利用功能指令完成 PLC 控制线路的安装、接线、程序设计与调试。

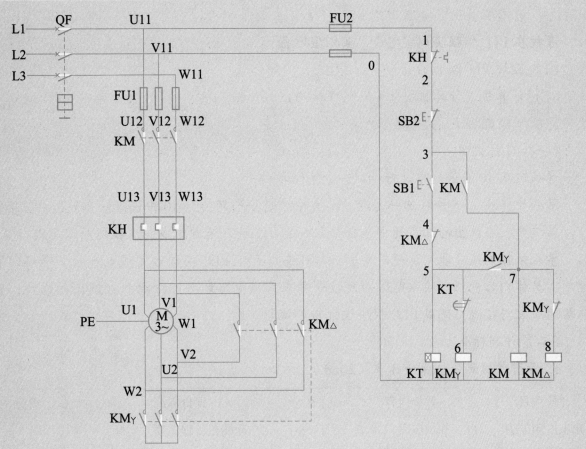

（3）根据Y-△启动原理图，利用功能指令完成 PLC 控制线路的安装、接线、程序设计与调试。

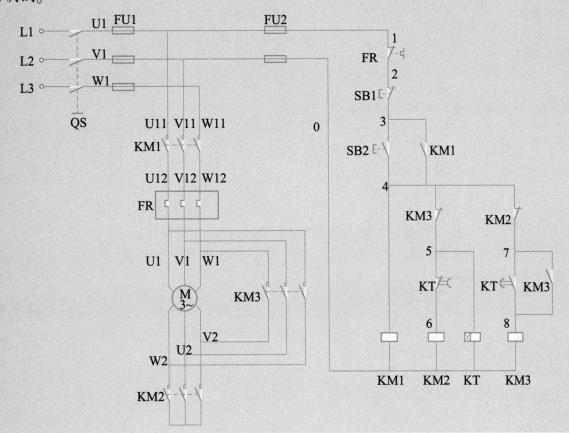

三、考场准备

考核在 PLC 编程实训室完成。实训室准备：

（1）天煌 PLC 实训台。

（2）计算机（计算机安装 GX 编程软件）。

四、考核说明及评判标准

（一）考核说明

考核时从 10 套试题中进行抽取，分两步操作。

第一步，在 1~5 中任选一套题，6~8 中任选一套题，9~10 中任选一套题，共三套题。

第二步，在选出的三套题中各自抽取一道题，共三道题组成高级技能测试题进行测试。

学生依据高级技能测试题的要求，熟练使用天煌 PLC 实训台完成电气控制电路的 PLC 控制，具体内容包括：按照电路图或控制要求完成电路的 I/O 分配和接线图的设计；完成电路的安装与接线；完成 PLC 程序设计与调试等。

（二）评判标准

1. 素质考核配分、评分标准（20 分）

评价项目	评价内容	配分	评价标准	得分
知识应用能力	PLC 知识应用	5	态度端正，理论联系实际	
思维拓展能力	拓展学习的表现与应用	5	积极地拓展学习并能正确应用	
安全文明操作	不带电操作，安全无事故，保持现场环境整洁	10	不带电操作，安全无事故，保持现场环境整洁，不干扰评分，不损坏设备	
合计			教师签字　　　　　　年　　月　　日	

2. PLC 技能操作过程配分、评分标准（80 分）

序号	主要内容	考核要求	评分标准	配分	扣分	得分
1	PLC 输入/输出接线	1. 按题目的要求，正确选用电气元器件，并完成接线； 2. 电源接线、输入部分接线、输出部分接线正确无误； 3. 布线要求美观、紧固	1. 布线错误，电源接线、输入接线、输出接线，每根扣 2 分； 2. 布线不美观，电源接线、输入接线、输出接线，每根扣 0.5 分	25		

续表

序号	主要内容	考核要求	评分标准	配分	扣分	得分
2	程序编写与调试	1. PLC控制程序编写准确； 2. 能够实现启动、停止； 3. 能够实现基本控制要求； 4. 程序编写完成后准确下载到PLC中； 5. 程序调试方法准确，符合规范	1. PLC控制程序编写不当，每处错误扣5分； 2. 不能够实现启动、停止，每个扣5分； 3. 不能够实现基本控制要求，扣20分； 4. 程序编写完成后不能准确下载到PLC中，扣10分； 5. 程序调试运行不符合规范，每处扣5分	40		
3	程序运行	在保证人身和设备安全的前提下，一次成功	一次运行不成功扣5分；两次运行不成功扣10分；三次运行不成功扣15分	15		
备注			合计			
			教师签字		年　　月　　日	

知识单元　PLC的功能指令

知识导图

知识单元PLC的功能指令，提供下图所示层次体系结构的知识内容。

可编程序控制器的内部除了存有很多基本逻辑指令外，还有大量的功能指令（应用指令）。因为一些功能指令实际上就是许多功能不同的子程序，所以功能指令的应用，使PLC具有数据处理的能力、与外部设备的联网通信能力，并使得程序的设计和执行更加便利，因此大大地扩展了可编程序控制器的应用范围。

功能指令和基本逻辑指令的形式不同，基本逻辑指令用助记符或逻辑操作符表示，其梯形图就是继电器触点、线圈的连接图。功能指令用功能号（代码）表示，FX_{2N}系列PLC功能指令的代码为FNC00～FNC250，每条功能指令有其相应的助记符和代码。

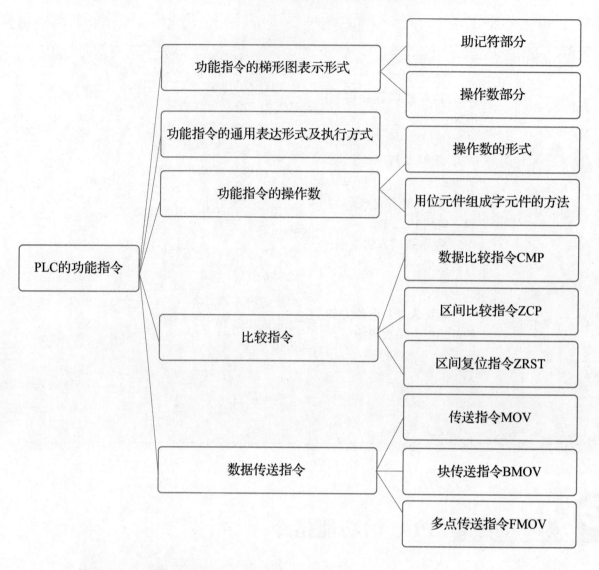

一、功能指令的梯形图表示形式

功能指令采用梯形图和助记符相结合的形式。功能指令在梯形图中用功能框表示。在功能框中，用功能指令代码或通用的助记符形式表示该功能指令。如图 4-0-1 所示为功能指令 MEAN 的梯形图，这是一条 "求平均值" 的功能指令，指令的代码是 45。当图中的 X0 为 ON 时，可以求出 D0、D1、D2、D3 中数据的平均值，并将结果送到 D10 中。图中动合触点 X0= ON 是该条功能指令的执行条件，其后的方框即功能指令的梯形图形式。可见，功能指令同一般的汇编指令相似，是由助记符和操作数两部分组成的。

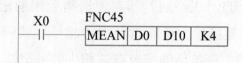

图 4-0-1　功能指令 MEAN 的梯形图

🔍 1. 助记符部分

功能框的第一段即助记符部分，表示该指令应完成的功能。由于功能指令有很多种类型，因此每条功能指令都设有相应的代码（功能号），如求平均值的代码为 45。但是为了便于记忆，每个功能指令都有一个助记符，对应 FNC45 的助记符是 MEAN，表示"求平均值"。

2. 操作数部分

有的功能指令只需要指定功能号，但更多的功能指令还需要指定操作元件。操作元件由操作数组成。功能框的第二部分为操作数部分。

操作数部分由"源操作数"〔S.〕、"目标操作数"〔D.〕和"数据个数" n 三部分组成。无论操作数有多少，其排列顺序总是源操作数、目标操作数、数据个数。数据个数 n 实际是源操作数和目标操作数的补充说明。在图 4-0-1 中的源操作数为 D0、D1、D2、D3（D 的个数由 n 确定），n=K4 表示源操作数有 4 个；目标操作数为 D10。

因为有的指令并不是直接给出数据，而给出的是存放操作数的地址，所以〔S.〕和〔D.〕也称源地址和目的地址。

二、功能指令的通用表达形式及执行方式

功能指令的通用表达形式如图 4-0-2 所示。图中的前一部分表示指令的代码和助记符，如图中所示的数据传送指令；指令的代码为 12，MOV 为指令的助记符；图中（P）表示采用脉冲执行方式，在执行条件满足时仅在一个扫描周期内执行（默认状态为连续执行方式）。功能指令可以处理 16 位数据和 32 位数据，默认状态为 16 位数据。图中若有符号（D），则表示指令的数据为 32 位，如图 4-0-2 所示。

图 4-0-2　功能指令的通用表达形式

图 4-0-2 的后一部分中〔S.〕表示源操作数，当源操作数不止一个时，可以用〔S1.〕、〔S2.〕表示；〔D.〕表示目标操作数，当目标操作数不止一个时，可以用〔D1.〕、〔D2.〕表示。当补充说明 n 不止一个时，用 n1，n2，…或 m1，m2，…表示。

这里要注意的是，输入继电器 X 不能作为目标操作数使用。〔S.〕和〔D.〕中的符号"."表示操作数具有变址方式，当 n 表示常数时，用 K 表示十进制数，用 H 表示十六进制数。

如图 4-0-3 中的第一个梯级执行的是数据传送功能，在满足执行条件 X10 为 ON 时，将 D0 中的数据送到 D2 中，处理的是 16 位数据。第二个梯级执行的是将 D11 和 D10 中的数据送到 D13 和 D12 中，处理的是 32 位数据。

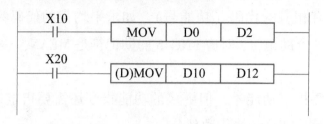

图 4-0-3

处理 32 位数据时，用元件号相邻的两个元件组成元件对。元件对的首位地址一般统一用偶数编号，如 D0、D8、D10、D22 等。

三、功能指令的操作数

（一）操作数的形式

可编程控制器的编程元件根据内部位数的不同，可分为位元件和字元件。

位元件指用于处理 ON/OFF 状态的继电器，其内部只能存一位数据 0 或 1；而字元件是由 16 位寄存器组成，用于处理 16 位数据；常数 K、H 和指针 P 在 PLC 内存中存放的都是 16 位数据，所以都是字元件。计数器 C 和定时器 T 也是字元件，用于处理 16 位数据。

一个位元件虽然只能表示一位数据，但可以采用 16 个位元件组合在一起，作为一个字元件使用，即用位元件组成字元件。

功能指令的助记符后面可以有 0~4 个操作数，这些操作数主要有以下几种形式：

（1）位元件，如 X、Y、M 和 S。

（2）常数 K、H 或指针 P。

（3）字元件，如 T、C 和 D 等。

（4）位元件组合。由位元件 X、Y、M 和 S 组合成的位元件组合，作为字元件用于数据处理。

（二）用位元件组成字元件的方法

在功能指令中，将多个位元件按 4 个一组的原则进行组合，4 个位元件表示一个十进制数据，例如 KnMi：

KnMi 中 n 表示组数，规定一组有 4 个位元件，4×n 为用位元件组成字元件的位数。K1 表示有 4 位，K2 表示 8 位，K3 表示 12 位；进行 16 位数据处理时，其数据可以是 4~16 位，即用 K1~K4 表示。32 位数据操作时，数据可以是 4~32 位，则用 K1~K8 表示。

KnMi 中 i 为首位元件号，即存放数据最低位的元件。

例如：K2M10 表示存放的数据为 8 位，即由 M17~ M10 组成的 8 位数据，M10 是最低位。

K4M0 表示由 M15 到 M0 组成的 16 位数据，M0 是最低位。

K1Y0 表示数据为 4 位，由输出继电器 Y3~ Y0 存放，Y0 是最低位。K4Y0 表示数据为 16 位，由输出继电器 Y17 ~ Y10、Y7~ Y0 存放。

四、比较指令

（一）数据比较指令 CMP

比较指令 CMP 操作功能：将两个源操作数［S1.］、［S2.］的数据进行比较，并将比较结果送到目标操作数［D.］中。

图 4-0-4 所示为比较指令的使用说明。在 X1 为 OFF 时，不执行 CMP 指令，M1、M2、M3 的状态保持不变；当 X1 为 ON 时，将两个源操作数［S1.］、［S2.］中的数据进行比较，即 K100 与 C20 计数器的当前值进行比较。若 C20 的当前值小于 100，则 M1 为 ON，Y0 得电；若 C20 的当前值等于 100，则 M2 为 ON，Y1 得电；若 C20 的当前值大于 100，则 M3 为 ON，Y2 得电。

图 4-0-4　比较指令使用说明

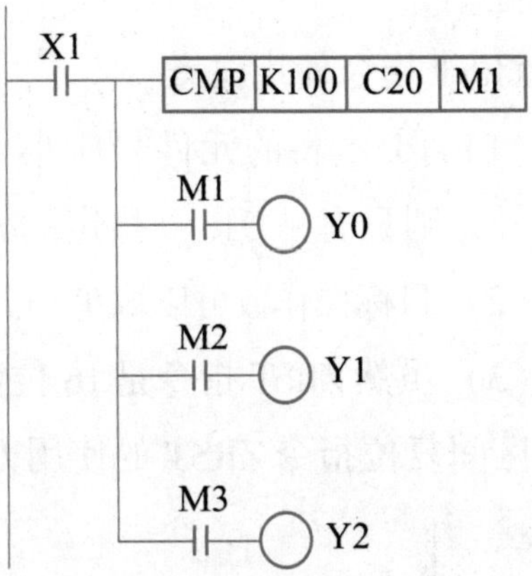

比较指令使用注意事项：

（1）比较的数据均为二进制数，且带符号位比较。

（2）要清除比较结果，需采用 RST 或 ZRST 指令。

（二）区间比较指令 ZCP

区间比较指令 ZCP 的操作功能：将一个操作数［S.］与两个操作数［S1.］、［S2.］形成的区间进行比较，并将比较结果送到［D.］中。

如图 4-0-5 所示为区间比较指令的使用说明，当 X10 为 ON 时，将计数器 C30 的当前值与 K100 和 K120 进行比较，若 C30 的当前值小于 100，则 M0 为 ON，Y1 得电；若 C30 的当前值大于等于 100 并小于等于 120 时，则 M1 为 ON，Y2 得电；若 C30 的当前值大于 120，则 M2 为 ON，Y3 得电。

（a）

```
LD   X10
ZCP  K100 K120
     C30  M1
LD   M0
OUT  Y1
LD   M1
OUT  Y2
LD   M2
OUT  Y3
```

（b）

图 4-0-5　区间比较指令的使用说明

（a）梯形图；（b）指令语句

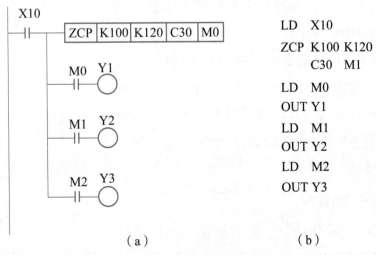

使用区间比较指令应注意以下几点：

（1）ZCP 指令将所有数据按照二进制形式进行处理，区间比较按代数形式进行。

（2）设置比较区间时，要求［S1.］不得大于［S2.］。

（三）区间复位指令 ZRST

区间复位指令 ZRST 操作功能：将［D1.］～［D2.］指定的元件号范围内的同类元件成批复位。

ZRST 指令使用注意：

（1）［D1.］的元件号应小于［D2.］的元件号。如果［D1.］的元件号大于［D2.］的元件号，则只有［D1.］指定的元件被复位。

（2）目标操作数可以取 T、C 和 D，或 Y、M、和 S。［D1.］和［D2.］应为同一类型的元件。

（3）虽然 ZRST 指令是 16 位数据处理指令，但［D1.］和［D2.］也可以指定 32 位计数器。

区间复位指令 ZRST 的使用方法如图 4-0-6 所示。

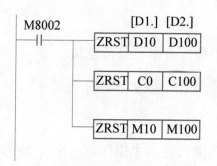

图 4-0-6 区间复位指令 ZRST 的使用方法

五、数据传送指令

（一）传送指令 MOV

MOV 指令的操作功能：将源地址中的数据传送到目的地址中。图 4-0-7 为 MOV 指令的使用举例。

如图 4-0-7 所示用 MOV 指令将定时器的当前值输出。图 4-0-7（a）中，当 X1 = ON 时，将 T10 的当前值由 Y17~Y0 输出。在图 4-0-7（b）中，当 X2 = 0N 时，将 K500 送到 D10 中，用于设定定时器的时间常数。这两种方法同样也可以用于计数器。

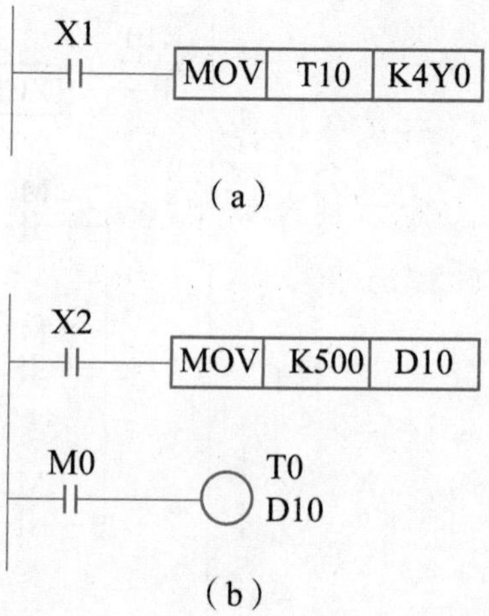

（二）块传送指令 BMOV

块传送指令 BMOV 的操作功能：将数据块（由源地址指定元件开始的 n 个数据组成）传送到指定的目的地址

图 4-0-7 MOV 指令的使用举例

中，n 只能取常数 K、H。如果地址超出允许的范围，数据仅传送到允许范围的目的地址中。

1. 数据寄存器间的数据块传送

应用示例如图 4-0-8 所示。

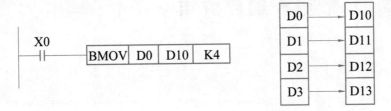

图 4-0-8　数据寄存器的数据块传送

当 X0 为 ON 时，执行块传送指令，根据 K4 指定的数据块个数为 4，则将 D3~D0 中的内容传送到 D13~D10 中去。传送后 D3~D0 中的内容不变，而 D13~D10 中的内容相应地被 D2~D0 的内容取代。

2. 用位元件组合传送数据块

应用示例如图 4-0-9 所示。

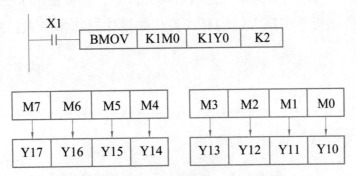

图 4-0-9　用位元件组合传送数据块

当 X1 为 ON 时，将 M7~M4、M3~M0 的数据相对应地传送到 Y17~Y14 和 Y13~Y10，K1 表示数据是 4 位，补充说明 n 为 K2 表示是两块数据的传送。

（三）多点传送指令 FMOV

多点传送指令 FMOV 的操作功能：将源地址中的数据传送到指定目标开始的 n 个元件中。这 n 个元件中的数据完全相同，指令中给出的是目标元件的首地址。如果元件号超出允许的范围，数据仅传送到允许范围的元件中。常用于对某一段数据寄存器的清零或置相同的初始值。使用说明如图 4-0-10 所示。

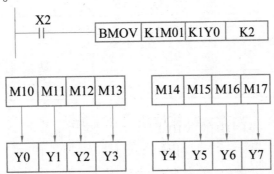

图 4-0-10　多点传送指令 FMOV 使用说明

任务一　功能指令编程应用 （一）

资源准备

PLC 实训室中准备以下实训设备、材料：

（1）实训设备：天煌 THPFSL-1/2 可编程控制器实训台。

（2）计算机、GX 编程软件。

接受工作任务

一名技术工人正在对大门的开关系统进行自动化改造，设备使用了三菱 PLC。根据设备安装改造要求，需要用功能指令实现大门的开、关。如果你是技术工人，应该如何设计改造大门的开关系统？

收集信息

（1）在表 4-1-1 中完成二进制数的填写。

表 4-1-1　十进制到二进制的转换

十进制数	二进制数			
0	0	0	0	0
1	0	0	0	1
2				
3				
4				
5				
6				
7				
8				
9				

（2）如图 4-1-1 所示，当图中的 X10＝ON 时，将 （　　　　） 的当前值由 （　　　　　） 输出。

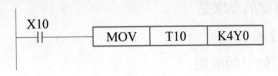

图 4-1-1

（3）如图 4-1-2 所示，当 X11=ON 时，将（　　　　　）送到（　　　）中，用于设定定时器的时间常数，定时器的时间常数为（　　　）s。

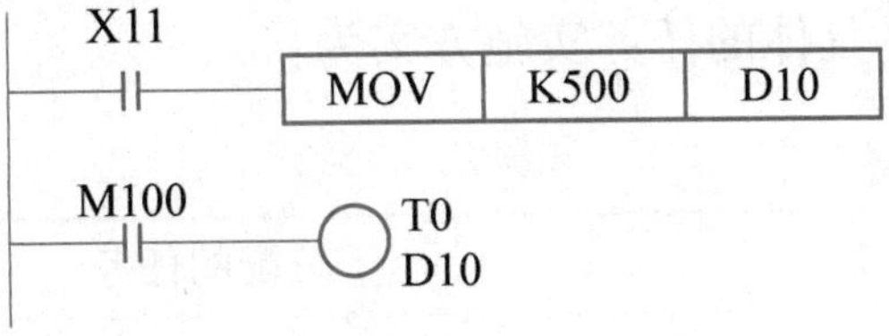

```
     X11
     ┤├────────[ MOV │ K500 │ D10 ]

     M100                  ◯ T0
     ┤├                      D10
```

图 4-1-2

（4）如图 4-1-3 所示梯形图中，X1=ON 时，（　　）指令将（　　）送到 V；X2=ON 时，将（　　）送到 Z，所以 V，Z 的内容分别为（　　　），（　　　）。第三个梯级为 D5V+D15Z→D40Z，即 D（　　）+D（　　）→D60。

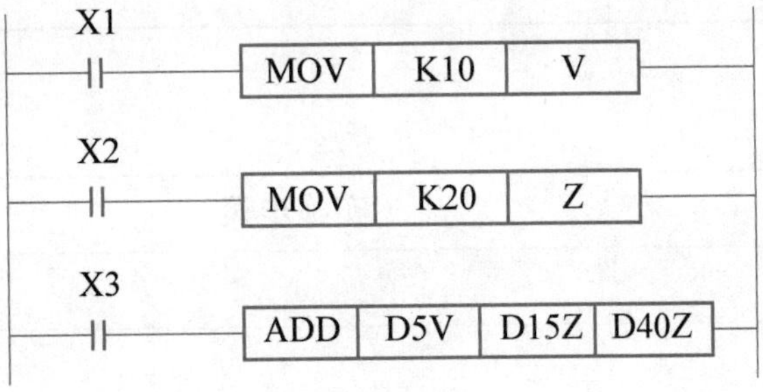

```
     X1
     ┤├────────[ MOV │ K10 │ V ]

     X2
     ┤├────────[ MOV │ K20 │ Z ]

     X3
     ┤├──────[ ADD │ D5V │ D15Z │ D40Z ]
```

图 4-1-3

（5）绘制双重联锁正反转电路接线图，如图 4-1-4 所示。

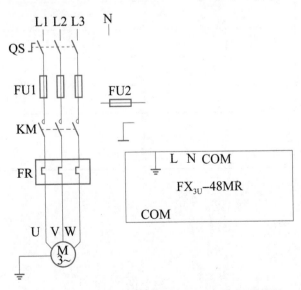

图 4-1-4 绘制双重联锁正反转电路接线图

（6）查阅教材及其他资料，完成以下内容：

①实训室实训设备上电前的要求是（　　　　　　　　　）。

②实训室 6S 管理规定是指：（　　　）、（　　　）、（　　　）、（　　　）、（　　　）、（　　　）。

③（　　　）永远是我们铭记的准则。

制定任务实施方案

分组查阅教材和相关资料学习正反转控制系统相关知识，能够利用功能指令完成正反转控制系统的安装与程序调试。具体的任务实施方案为：

1. 任务分工

组别	姓名	分配的任务

2. 任务实施步骤

任务		实施步骤
功能指令编程应用（一）	步骤一	
	步骤二	

3. 异常情况处理办法

任务实施

查阅教材和相关资料，参照任务实施方案，利用功能指令完成本任务，把下列相应内容填写完整。

1. 连续运转电路

Step1 把连续运转电路的梯形图（图 4-1-5）补画完整

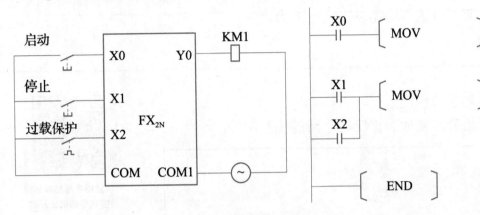

功能指令控制电动机连续运行起动与停止

图 4-1-5　连续运转电路梯形图

Step2 实训台完成连续运转电路的接线

接线记录：

Step3 完成 PLC 程序的输入与调试

输入与调试记录：

连续运转电路任务完成情况汇总

Step	完成情况	收获与分析
1		
2		
3		

2. 接触器联锁正反转电路

Step1 绘制功能指令编程的接触器正反转电路的梯形图

梯形图：

功能指令接触器连锁
控制电动机正反转

Step2 实训台完成接触器正反转电路的接线

接线记录：

Step3 完成 PLC 程序的输入与调试

输入与调试记录：

接触器正反转电路任务完成情况汇总

Step	完成情况	收获与分析
1		
2		
3		

🔧 3. 点动与连续运转电路

Step1 补画点动与连续运转电路接线图（图 4-1-6）

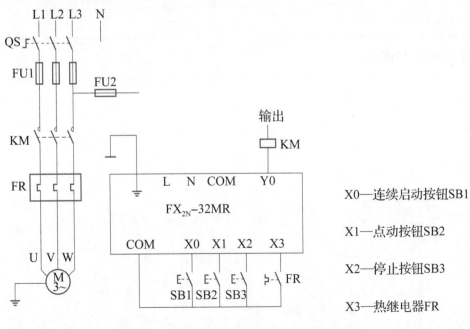

功能指令控制电动机
点动与连续运行

X0—连续启动按钮SB1

X1—点动按钮SB2

X2—停止按钮SB3

X3—热继电器FR

图 4-1-6　点动与连续运转电路接线图

Step2 补画 PLC 梯形图（图 4-1-7）

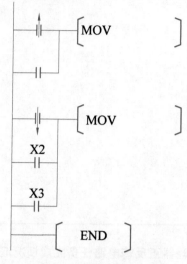

图 4-1-7　PLC 梯形图

Step3 实训台完成点动与连续运转电路的接线

接线记录：

Step4 完成 PLC 程序的输入与调试

输入与调试记录：

点动与连续运转电路任务完成情况汇总

Step	完成情况	收获与分析
1		
2		
3		
4		

4. 按钮、接触器双重联锁正反转电路

Step1 绘制按钮、接触器双重联锁正反转电路的 I/O 接线图（图4-1-8）

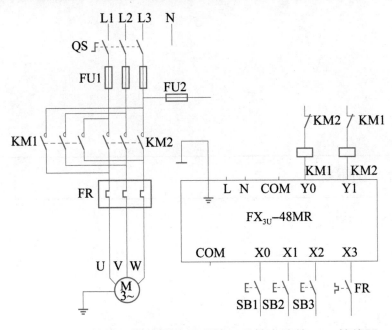

功能指令双重联锁
控制电动机正反转

图 4-1-8　按钮、接触器双重联锁正反转电路的 I/O 接线图

Step2 补画 PLC 梯形图（图4-1-9）

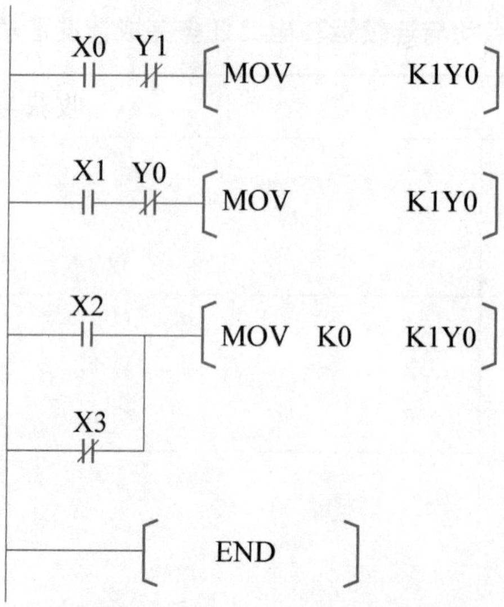

```
    X0  Y1 ┌                    ┐
 ──┤├─┤/├──┤ MOV          K1Y0 ├
           └                    ┘

    X1  Y0 ┌                    ┐
 ──┤├─┤/├──┤ MOV          K1Y0 ├
           └                    ┘

    X2     ┌                    ┐
 ──┤├───┬──┤ MOV  K0     K1Y0 ├
         │ └                    ┘
    X3   │
 ──┤/├───┘

           ┌                    ┐
           ┤ END               ├
           └                    ┘
```

图 4-1-9　PLC 梯形图

Step3 实训台完成按钮、接触器双重联锁正反转电路的接线

接线记录：

Step4 完成 PLC 程序的输入与调试

输入与调试记录：

按钮、接触器双重联锁正反转电路任务完成情况汇总

Step	完成情况	收获与分析
1		
2		
3		
4		

评价总结

学习任务评价表

班级： 小组： 学号： 姓名：

	主要测评项目	学生自评			
		A	B	C	D
关键能力总结	1. 遵守纪律，遵守学习场所管理规定，服从安排				
	2. 具有安全意识、责任意识、6S 管理意识，注重节能环保				
	3. 学习态度积极主动，能按时参加安排的实习活动				
	4. 具有团队合作意识，注重沟通，能自主学习及相互协作				
	5. 仪容仪表符合学习活动要求				
专业知识和能力总结	1. 能够完成绘制 PLC 的 I/O 接线图				
	2. 能够编制 PLC 程序（绘制功能图、画出梯形图）				
	3. 能够完成 PLC 系统的安装接线				
	4. 能够完成 PLC 程序的写入和调试				
个人自评总结和建议					

续表

小组评价		
教师评价		总评成绩

知识拓展

多地控制电路如图 4-1-10 所示，完成下列任务。

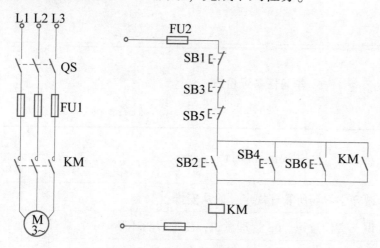

功能指令多地控制
电动机运行与停止

图 4-1-10 多地控制电路

Step1 绘制利用功能指令编程的多地控制电路的梯形图

梯形图：

Step2 写出利用功能指令编程的多地控制电路的 PLC 程序

PLC 程序：

Step3 实训台完成多地控制电路的接线

接线记录：

Step4 完成 PLC 程序的输入与调试

输入与调试记录：

多地控制电路任务完成情况汇总

Step	完成情况	收获与分析
1		
2		
3		
4		

任务二　功能指令编程应用（二）

资源准备

PLC 实训室中准备以下实训设备、材料：

（1）实训设备：天煌 THPFSL-1/2 可编程控制器实训台。

（2）计算机、GX 编程软件。

接受工作任务

一名技术工人正在对 PLC 自动化系统进行升级改造，设备使用了三菱 PLC。根据设备安装要求，应该如何应用功能指令对设备进行升级改造？

收集信息

（1）分析如图 4-2-1 所示顺序控制电路的原理，画出功能指令梯形图。

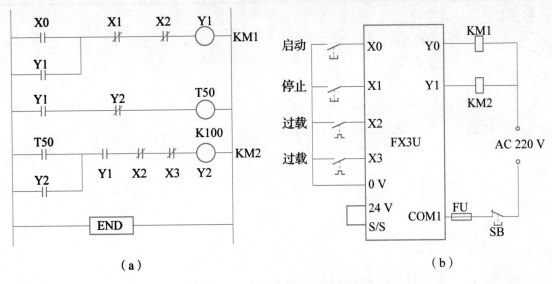

图 4-2-1　顺序控制电路原理

(a) 梯形图；(b) I/O 接线图

梯形图：

(2) 分析图 4-2-2 的工作原理，画出功能指令梯形图。

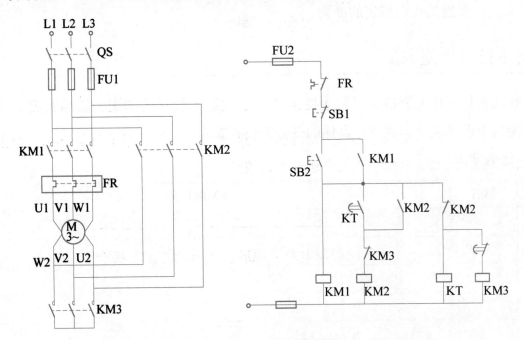

图 4-2-2　电路原理图

梯形图：

（3）查阅教材及其他资料，完成以下内容：

①实训室实训设备上电前的要求是（　　　　　　　）。

②实训室 6S 管理规定是指：（　　）、（　　）、（　　）、（　　）、（　　）、（　　）。

③（　　）永远是我们铭记的准则。

制定任务实施方案

分组查阅教材和相关资料学习顺序控制和Y-△控制系统相关知识，能够完成下列任务的安装与功能指令程序设计、调试。具体的任务实施方案为：

1. 任务分工

组别	姓名	分配的任务

2. 任务实施步骤

任务	实施步骤	
功能指令 编程应用 （二）	步骤一	
	步骤二	

3. 异常情况处理办法

任务实施

查阅教材和相关资料，参照任务实施方案，完成本任务，把下列相应内容填写完整。

1. 顺序启动控制

如图 4-2-3 所示，完成下列任务。

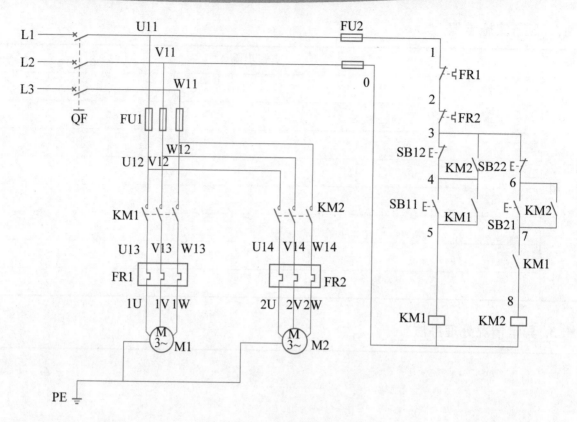

图 4-2-3　顺序启动控制电路

Step1 绘制顺序启动控制电路的 I/O 接线图

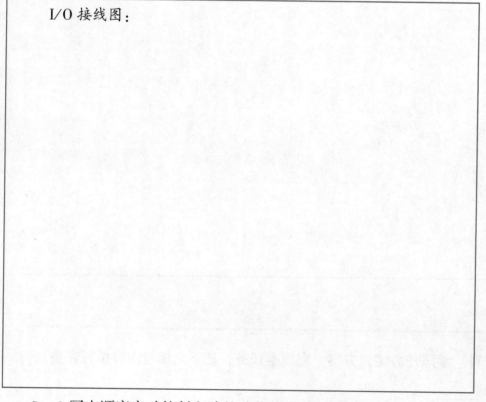

I/O 接线图：

功能指令控制电动机
顺序起动与停止

Step2 写出顺序启动控制电路的功能指令 PLC 程序

PLC 程序：

Step3 实训台完成顺序启动控制电路的接线

接线记录：

Step4 完成 PLC 程序的输入与调试

输入与调试记录：

顺序启动控制电路任务完成情况汇总

Step	完成情况	收获与分析
1		
2		
3		
4		

2. 自动丫-△控制电路

如图 4-2-4 所示，完成下列任务。

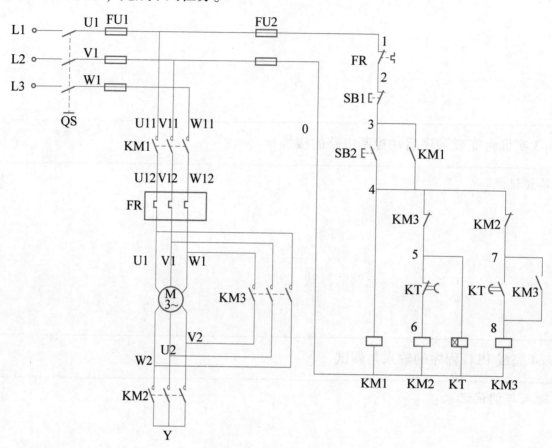

图 4-2-4 自动丫-△控制电路

Step1 绘制自动丫-△控制电路的 I/O 接线图

I/O 接线图：

功能指令自动控制
电动机丫-△起动

功能指令手动控制
丫-△起动

Step2 写出Y-△控制电路的功能指令 PLC 程序

PLC 程序：

Step3 实训台完成Y-△控制电路的接线

接线记录：

Step4 完成 PLC 程序的输入与调试

输入与调试记录：

自动Y−△控制电路任务完成情况汇总

Step	完成情况	收获与分析
1		
2		
3		
4		

评价总结

学习任务评价表

班级：　　　　　　小组：　　　　　　学号：　　　　　　姓名：

	主要测评项目	学生自评			
		A	B	C	D
关键能力总结	1. 遵守纪律，遵守学习场所管理规定，服从安排				
	2. 具有安全意识、责任意识、6S 管理意识，注重节能环保				
	3. 学习态度积极主动，能按时参加安排的实习活动				
	4. 具有团队合作意识，注重沟通，能自主学习及相互协作				
	5. 仪容仪表符合学习活动要求				
专业知识和能力总结	1. 能够完成绘制 PLC 的 I/O 接线图				
	2. 能够编制 PLC 程序（绘制功能图、画出梯形图）				
	3. 能够完成 PLC 系统的安装接线				
	4. 能够完成 PLC 程序的写入和调试				
个人自评总结和建议					

续表

小组 评价		
		总评成绩
教师 评价		

知识拓展

🔍 时间顺序控制电路

如图 4-2-5 所示，完成下列任务。

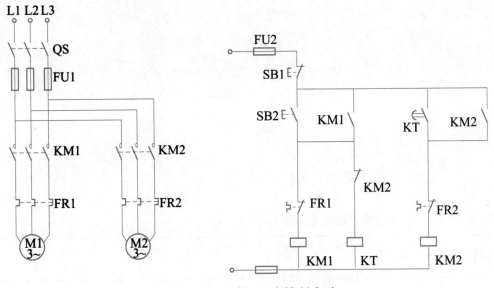

功能指令时间控制的
顺序控制电机运行

图 4-2-5　时间顺序控制电路

Step1 绘制时间顺序控制电路的 I/O 接线图

I/O 接线图：

Step2 写出时间顺序控制电路的功能指令 PLC 程序

PLC 程序：

Step3 实训台完成时间顺序控制电路的接线

接线记录：

Step4 完成 PLC 程序的输入与调试

输入与调试记录：

时间顺序控制电路任务完成情况汇总

Step	完成情况	收获与分析
1		
2		
3		
4		